管理

從個人到團隊——知識與實務分享

林寶興博士　著

目
CONTENTS
錄

序　一 | 008
序　二 | 010
序　三 | 013
序　四 | 015
序　五 | 017
作者序言 | 020

第一章　自我認知和自我意識
· 甚麼是自我認知？ | 026
· 自我意識的維度 | 034
· 提高自我意識 | 052
· 分享篇：共同價值觀 | 053

第二章　個人復原力
· 壓力與復原力 | 058
· 身體與復原力 | 064
· 壓力窒息與復原力 | 067
· 壓力下的失眠與復原力 | 069
· 職場壓力與復原力 | 071
· 分享篇：擁抱喜樂的人生 | 078

第三章　個人思維與解決問題
· 產生問題的原由——目標驅動 | 084
· 建立思維能力 | 087
· 創造力、想像力與解決問題 | 093
· 解決問題的一些工具 | 101
· 建立組織的能力 | 103
· 分享篇：思維 | 107

第四章　社交技巧與人際關係

· 運動技能與社交技能 | 112
· 人際關係與溝通障礙 | 117
· 建立人際關係的社交技能 | 123
· 改善社交的溝通能力 | 127
· 分享篇：在工作上不同場合的溝通 | 137

第五章　激勵他人

· 激勵 | 142
· 興趣與激勵 | 159
· 改善與激勵 | 161
· 激勵他人的真人真事 | 163
· 分享篇：激勵與價值 | 165

第六章　賦權和權力

· 賦權 | 170
· 權力 | 177
· 更新而變化的領導力 | 184
· 增強職場賦權和領導力 | 187
· 分享篇：故事與管家 | 193

第七章　分歧和衝突

· 分歧與衝突 | 198
· 衝突的類型 | 204
· 衝突與差異 | 208
· 衝突與壓力 | 211
· 衝突形成的過程 | 213
· 分享篇：我的良朋知己——暢所欲言 | 221

第八章　領導力和團隊

· 團隊 | 226
· 領導力 | 230
· 領導團隊 | 236
· 建立團隊 | 238
· 發展團隊 | 241
· 團隊與目標 | 245
· 分享篇：建立團隊 | 251

第九章　迎向未來成功之路

· 改變的步伐 | 256
· 改變的歷程 | 264
· 分享篇：需要改變嗎？ | 275

第十章　結語篇 | 280

參考資料 | 292

最初接觸和認識 Michael 是在 1998 年，那時我已經在香港品質保證局（HKQAA）做了五年 Council Member，而 Michael 則剛剛晉升為 Assistant Inspectorate Controller（助理評審總監）。老實說，當時我已經覺得這個年青人非常突出，是一個可造之材。

二十五年轉眼過去，我們亦師亦友，交往愈來愈密切，Michael 更是我第一個嘗試傳授氣功的徒弟。2008 年至 2010 年他跟我學習氣功兩年，是我最好的白老鼠，到現時我有超過三百名徒弟，他的功勞可算不少。這些年間，他在 HKQAA 的 career path 非常亮麗和成功，由 2001 年擔任認證評審總監，到 2003 年升任為副行政總裁，更於 2005 年成為 HKQAA 的總裁。

我最欣賞 Michael 的是他率直、樂觀和誠懇的性格，以及處事認真、執著和用心的態度。更佩服他在繁忙工作期間，仍能於 2005 年取得香港理工大學的博士學位。當時，他的博士論文題材便是 leadership。

除了他自己本身在企業管理方面的能力和成就，我相信他在論文中的資料搜集亦同時觸發他今次出書的意欲。

本書內容深入淺出，除了顯示作者本身對企業管理的深層次認知和理念，大部分都是作者本身的親身經驗和實踐，更加上大量世界著名學者的觀點和研究報告，我深信，這本書對那些有興趣成為企業管理者的人來說，在知識和執行技巧方面的確會有很大的幫助。

莫國和 資深結構工程師，營造師
香港品質保證局名譽主席
香港品質保證局主席（2007-2013 年）
香港理工大學建築及房地產學系兼任教授（2003-2018 年）

林寶興博士 Michael 新書即將付梓，我與他合作多年，當然樂於寫段序言。

Michael 在香港品質保證局（HKQAA）工作了三十年，擔任總裁一職至今也歷時廿載。同樣，本人與局方亦早已結下不解之緣：當年我為企業申請並在 1991 年獲得局方頒授香港第一張「ISO 9001 品質管理體系」證書，記憶猶新。隨後，我作為香港品質保證局的「大義工」，歷任董事、副主席，由 2013 年 11 月起擔任主席，直到 2019 年 11 月卸任，然後改任名譽主席至今。多年來我與 Michael 合作，見證他有心有力，致力提升局方的管治水平，在局內建立廉潔務實之風，並以致力提升社會不同界別的品質水平作為共同目標。

香港品質保證局作為區內最具領導地位的合格評定機構之一，自 1989 年由香港政府成立至今，不斷推陳出新，為業界創優增值。回顧成立的首個十年，HKQAA 率先引進國際先進的管理體系，帶領工商界提高質量、環境及職安健管理水平，推廣優質管理文化，令 ISO 認證深入民心。踏入第二個十年，局方為配合業界需要和社會發展，開發更多元化的服務，並舉辦大型專題研討會及出版期刊，促進業界知識專業交流，深化管理體系的應用發展。進入第三個十年，局方全面加強服務的廣度和深度，迎來核心能力提升的時代，積極拓展與促進業界可持續發展的相關項目，率先開發葡萄酒儲存管理體系認證計劃，為聯合國「清潔發展機制」項目提供審定和核查服務，以及為「恒生可持續發展企業指數系列」提供評級服務，以及推出「綠色金融認證計劃」，成為發展的重要里程碑。隨著 HKQAA 擦亮招牌，打穩了香港的基礎，業務領域亦逐步拓展至大灣區及長三角地區，在澳門、深圳、廣州、上海及西安等城市設立子公司或分公司。

HKQAA 能夠取得上述驕人成就，固然有賴歷屆董事局同仁的貢獻和社會各界的鼎力支持，林寶興博士作為總裁帶領整個團隊的積極努力也是功不可沒！ Michael 這番獨特歷練，無疑為本書提供豐富的經驗素材。正所謂「綱舉目張」，讀者從本書的目錄章節編排，已得知內容涉及管理學問的方方面面：始於管理人的自我認知，進而運用領導力建立高效能團隊，並重視社交技巧與人際關係，巧妙處理意見分歧，以及致力解決實質問題。內容深入淺出，學理與經驗交織。本人在從政並當選立法會議員之前，曾經在工商專業界長期打拼，有三十多年跨地域的工程專業、產業管理、科技創新和市場開拓經驗。如今翻閱本書，常有溫故知新的欣喜。相信對於新一代管理人，更有實戰參考價值，非常值得向大家推薦！

盧偉國議員 博士 工程師, GBS, MH, JP
香港品質保證局名譽主席
香港品質保證局主席（2013-2019 年）

香港品質保證局成立了大約十五載後，林寶興博士與團隊一起引入社會責任作為機構的重要價值觀，目的是明確其營運方向，為社會略盡綿力。此外，團隊亦界定了機構發展的三個主要功能，幫助不同組織和企業提升競爭能力。這三個主要功能包括：(1)「引進和研發」——提供社會關注的管理技術和認證計劃；(2)「知識分享」——將知識與業界及社會大眾分享；和(3)「提供保證」——為業界提供信譽及能力保證服務。

「知識分享」作為香港品質保證局的重要功能之一，不但把知識傳遞予組織企業，亦提供互動學習的分享平台，促進專業交流。當中出版書籍更是林博士任內其中一項重要的工作，銳意服務業界，惠及社會。

林博士帶領香港品質保證局推動書籍的出版工作，為組織企業及知識體系提供不少值得參考的知識和文獻，其中包括《企業社會責任在香港》；他主編的《綠色金融在香港》、《可持續發展在香港》，以及這一本《管理：從個人到團隊——知識與實務分享》。此書獨特之處，在於結合了林博士個人的管理知識、經驗和營運理念，把管理者常見的問題及建議的解決方案，透過深入淺出的文筆，扼要地表述出來。此外，這本書每一章的「分享篇」，均記錄了他應對管理問題時的珍貴經驗。相信從他的分享中，讀者可以看到他對管理的熱忱和堅持；無論對將來成為管理者或在職場中的管理人士來說，這都是一條通往更廣闊視野的橋樑，有助他們加深了解管理的知識和技巧。

林博士在加入香港品質保證局時，已經擁有十多年管理經驗，任職本局總裁期間亦貢獻良多，不但栽培了不少管理人才，亦在建立、澆灌和穩定核心管理團隊的工作上，發揮積極作用，成績有目共睹。相信讀者在結語篇可見一斑，並可從書中尋索到林博士的管理心得和方法，以作參考之用。

何志誠工程師

香港品質保證局主席

林寶興博士就像所有的武林高手，都希望能讓畢生的技藝流傳後世。這本書便是林博士的功夫秘笈，記錄了他在領導和管理的絶學。讀畢他的書，不得不讚賞他對管理學的洞見和智慧。林博士通過書中的敘述，分享如何在複雜的處境以優雅和有效的方式領導。他認為領導要以真實誠信和以身作則去獲得追隨者的尊敬。領袖需具遠見，才能引導組織走向成功。他也探討如何建立真誠的人際關係，培養信任和合作。

這書的內容乍看之下與其他領袖和管理書籍相似，但使其與別不同的地方，是它關注誠實和美德，這是作為領導不可或缺的組成部分。林博士擁抱真誠和正直，使他的教導超越單純的領導技巧，以愛人如己的原則處事待人。這本書蘊含的價值源於他對上帝的信仰。他的「僕人領導」風格是因為受那仁慈上帝的影響。這信念不僅塑造了他的領導理念，也構成了林博士服務他人的行動準則。

我相信讀者能在書中找到寶貴的價值。這本書能激勵行為上的變化，不僅在個人層面上，還在組織和整個社會中。通過融入這些教導並應用在個人和職場中，讀者會見證到他們行動的漣漪效應，為別人創造更美好的未來。

林博士行事踏實，正面樂觀。他的樂觀是具有感染力的，將希望和鼓勵注入這本書的每一頁。

愛人如己是至高的武學心法。

趙之琨教授
香港理工大學
專業及持續教育學院副院長（教育）

人不知是否總有一種好奇甚至好勝的心態，工作到某一個階段自然很希望晉身管理階層，成為一位「老闆」、「揸 fit 人」、「boss」等。然而，對於沒有管理經驗的人來說，這可能正是惡夢的開始，因為當管理層並不是如想像之中那麼輕鬆簡單。

管理包括了「管」和「理」。「管」不單是要為機構及團隊定立目標，而更重要的是要與團隊一起制定方案把目標實現。可惜當今環境瞬息萬變，尤其是政局動盪、經濟不明朗、氣候變化帶來的衝擊、政策改變等，都令管理人員無所適從。而「理」則是要不斷監察成果、及調整行動方案，務求把風險降低，達至最高的績效指標。所以，「理」並不代表理所當然，必須以理服人。更重要的是管理好團隊及人力資源，從而建立優良公司文化，令公司精益求精。

《管理：從個人到團隊——知識與實務分享》這本書不單對剛剛成為管理層的人非常有啟發作用，而資深管理者閱讀後亦有很多得著。作者一開始就提醒讀者自我認知和自我意識的重要性。透過內省和反思，自我評估，了解自己的強項和弱點。我們亦需要明白作為管理者並不是一個不倒的巨人。從公司領導或員工而來的壓力，有時真的會令人透不過氣來。面對壓力如何好好處理，以致儘快復原，重回正軌，是一個良好管理人員必備的技巧。然而，壓力亦可能因為種種問題而導致，所以必須找到問題的根源和解決方法。而書中提及的分析思維、可能性思維、批判性思考、特殊的思維和創意思維都可幫助我們跳出自己的框框，找出解決方案。

一個領袖能否被人尊重，某程度上取決於他的魅力。當管理人員不應高高在上，凡事要跟上司和員工好好溝通，建立互信關係。好老闆亦會留意及關心員工的喜與悲。做得好固然要讚賞，但如果下屬有甚麼工作或情緒問題，讀者亦可參考書中所介紹的不同經典理論，激勵員工。

管理者被賦予權力是毋庸置疑的。如書中所說：「賦權也是一件令我在工作中產生愉悅的事情」。但「在賦權過程中，聆聽非常重要」，因為有時權力會令我們沖昏頭腦，最終造成意見分歧和衝突。而最妥善的解決方法就是與各持份者積極合作，這不單能展示管理人員具備果斷解決問題的能力，而更可彰顯他對員工福祉的關心。我特別喜歡書中提出的「僕人領導力」概念，尤其是當中提到的幾個維度，如：賦權、幫助下屬成長並獲取成功、把下屬放在第一位等。管理人員只是整個團隊中的一個齒輪，沒有員工的參與和付出，整艘巨輪就不能向前航行了。所以，管理就是要確保每一個齒輪都能發揮最大的功用，朝著共同目標邁進。

很高興林寶興博士透過這本書，將自己幾十年的寶貴管理經驗與我們分享。作為學者，我覺得這本書是一份好好的實用教材。換上了大學系主任身份，我更深深被這書吸引，因為林博士的職場管理經驗可成為我的借鑒。

吳兆堂教授
香港城市大學
建築學及土木工程學系系主任及講座教授

作者序言

對有心了解更多管理知識的管理者，或者對管理抱有好奇、幻想、或將會晉升成為一名管理人員的人來說，他們或許都有一些共同的困惑：在與下屬相處時，遇到困難，或者在草擬發展戰略報告時感到迷茫或缺乏頭緒，甚或上司對其內容有所欠缺而要求修改，又或者不知道如何激勵下屬，如何下放權力，以及如何帶領團隊實現遠大且困難的目標。

管理書籍多如繁星，但是以中文撰寫的，在香港卻為數不多。這本書是為那些希望以中文閱讀的人士編寫的管理書籍，通過分享一些有關管理的知識和經驗，幫助那些將要晉升和正在執行管理工作的人士。管理雖然充滿挑戰，但也是有跡可循，成為一位稱職的管理人員並不困難。對於已經身處管理崗位上，且擁有經驗的人士來說，這本書或許是一個交流的平台，通過分享知識和經驗，可能會幫助他們迸發出更多管理的新思維。

這本書共有十章，由第一章的「自我認知和自我意識」至第九章的「迎向未來成功之路」，涵蓋了從個人層面以至團隊發展所面對的管理課題。第十章是個人的經驗分享。這本書以研究為基礎，結合經驗分享，把管理的基本知識逐一介紹。閱讀本書時，可以用循序漸進的方式由第一章閱讀至第十章，亦可以對某一章節、或對某一個有興趣的管理課題先進行閱讀。這本書的寫作內容儘量以淺白的中文表達，同時使用英文的文獻作為知識基礎，內文加入了外國研究的人名和學術上的英文專有名詞，人名以中文音譯的方式譯出，學術上的英文專有名詞，則以其意義（需要時會使用中英字典）譯出，並在中文名後用括弧標出英文名和名詞，希望能更準確地把中文的翻譯與原文連結，避免詞彙誤解。當中許多專有名詞，只會在第一次出現或有需要時才加上引號，讓讀者閱讀時更為清晰。此外，本書採用了許多檔案材料，儘管經過多次校閱，但可能仍有疏漏之處，請讀者體諒。

最後，我想談談個人的感受。在香港品質保證局工作了三十年，擔任總裁一職也踏入第二十年，有兩個字代表了我多年來的心聲——「感恩」。感恩讓我有一個支持和帶領香港品質保證局的董事局與歷屆董事成員，以及創會主席羅肇強博士、名譽主席伍達倫博士、莫國和工程師、盧偉國議員博士工程師、主席何志誠工程師、副主席黃家和先生及林健榮測量師，感恩有肩負不同功能的高效能團隊一起共事，感恩我有很多好的同事，彼此間已經成為好朋友。感恩讓我堅持和承擔，感恩讓我喜樂地工作。組織企業的利潤多寡，通常成為 CEO 的成績表，或許對許多的組織企業來說，這是對的。但對香港品質保證局來說，成績表上或許要加上「社會責任」——讓員工及其家人、社區的生活和環境、組織企業的發展和傳承得到保障，這些都是與多年累積的管理經驗密不可分。管理成為了我人生的一部分，也讓同事在工作上、人生上遇到困難時，可以向我尋求建議和幫助。我的使命是協助同事，成為一個流通的管子，幫助香港和內地有需要的企業，為他們提供解決方案，解決他們面對的問題。所以，我希望這本書也能夠異曲同工地幫助在管理工作上有需要的人士。

在此，我要感謝家人，支持我在局內任職三十年的工作。在我的學業上，我要感謝趙之琨教授，是他孕育我對領導和管理學問的嚮往和熱誠。也特別感謝鄺宇芬女士、麥家彥先生、翁夢藝女士、歐美蓮女士在此書撰寫期間，認真嚴謹地處理文字和作出校對的工作，令本書得以圓滿出版。最後，讓我帶著感恩的心多謝天父，三十年來祂帶領和保護我向著標竿跑去，完成這段有意義和難忘的旅程。

林寶興博士
香港品質保證局總裁

沉澱會讓人做出更好的決定。

耶和華不像人看人：
人是看外貌，耶和華是看內心。
（撒母耳記上十六章 7 節下）

第一章

自我認知和自我意識

力克・胡哲（Nick Vujicic）在出生時就已經沒有了四肢，當護士將他交給母親時，她甚至拒絕抱他，但最終，她和丈夫都接受了這個現實，並說這是「上帝對他們孩子的計劃」。[1] 儘管身體殘疾，力克熱愛自己的人生，愛護自己的太太和兒子。面對困境時，才看清楚自己的取向，認識自己更多。

在我們的人生旅途中，與自己的關係可能是最重要的關係。在這一章中，我們將探討如何理解「自我認知」和「自我意識」，讓它們的建構維度（dimensions of construct）展現出來，並學習認識、喜歡、欣賞和肯定自己，把隱藏的自我呈現在眼前。

甚麼是自我認知？

照鏡是每個人都不陌生的行為。通過照鏡，我們可以了解到自己的樣貌，進而認識自己更多。「自我認知」是一個非常廣泛的範疇，與我們的工作[2]、人生都有著密切的關係[3,4]，所以，認識自己是重要和必要的。那麼，大家了解自己有多少呢？

古人對自我認知的見解

孔子年事已高時，特別敘述了他一生中不同階段對自己的認知：「吾十有五而志于學，三十而立，四十而不惑，五十而知天命，六十而耳順，七十而從心所欲，不踰矩。」[5]他在十五歲時立志學習，到了四十歲時才明白很多事情，一直到了七十歲，做事才可以隨心所欲，而不會不合規矩。如此看來，人似乎要經歷一個很漫長的時間，才能夠認識自己。

戰國時期的兵家代表人物孫子，他說過：「知彼知己，百戰不殆；不知彼而知己，一勝一負；不知彼，不知己，每戰必敗。」[6]要做到百戰百勝的前提是知己知彼。所以，了解自己固然重要，了解周圍的人也同樣重要。因為其他人對自己的看法，就像一面鏡子讓自己看到自己。

Self-consciousness 與 Self-awareness

劍橋線上字典、google 線上翻譯、英漢辭典等把 self-awareness 翻譯為「自我意識」[7]，牛津線上字典沒有提供它的中文翻譯。劍橋線上字典對它的解釋是「對自己有良好的了解與判斷」[8]，牛津線上字典將它解釋為「對自己性格的了解與理解」。[9] 從字典裡我們了解到 self-awareness 是對自己或自己性格的了解、理解和判斷。

Google 線上翻譯和英漢辭典等也將 self-consciousness 翻譯為「自我意識」。[10] 劍橋線上字典沒有提供任何中文翻譯，其中文解釋是「局促不安；不自在」。[11] Self-consciousness 可以理解為「當你擔心其他人對你或你行為的看法時，會出現一種緊張或不舒服的感覺」。

由於 self-awareness 和 self-consciousness 往往被翻譯為「自我意識」，好像兩者可以互相替換使用。[12] 但是 self-awareness 和 self-consciousness 的意義確實有所不同。在一些中文的文章或文獻中，我們留意到「自我認知」和「自我意識」也被用在研究上 [13] [14] [15]，不過，它們是指 self-awareness 還是 self-consciousness 呢？則要看完內文才可以決定。所以，如果不好好處理它們的中文和英文的翻譯，會很容易引起誤解，造成混亂。

字典對 self-consciousness 和 self-awareness 的解釋存在明顯的差異。Self-awareness 在研究中有清楚的界定，是人清楚地看到自己、理解自己，同時知道別人對自己的看法，以及自己融入這個世界的能力。[16] Self-consciousness 被認為是一種不愉快的感覺，例如：內疚、害羞、羞恥、自卑、自信心下降等。這種感覺通常會在意識到自己正在被監視、觀察或評論時出現。[17] 有些人會比其他人更容易感受到這種情緒，甚或產生驕傲、嫉妒和傲慢的態度。在描述負面情緒或出現嚴重的情況，例如，情緒或精神上的病徵時，便會使用 self-consciousness 這個英文詞彙。

百度把 self-consciousness [18] 和 self-awareness [19] 都翻譯為「自我意識」。只有維基百科將它們的翻譯分開，把 self-consciousness 翻譯為「自我認知」[20]，把 self-awareness 翻譯為「自我意識」。[21] 另外，一些中文的文獻提及 self-consciousness 與 cognitive/cognition 有密切的關係 [22] [23] [24]，一些疾病的中文名稱，例如「輕度認知障礙」（mild cognitive impairment）[25]，翻譯時使用了「認知」。Self-consciousness 的文獻似乎與心理、醫學、病理有較多的關聯，把 self-consciousness 翻譯為「自我認知」可能更適合。另外，self-awareness 是 self-consciousness 的其中一部分，是自我內在的認識，如果把 self-awareness 分開翻譯為「自我意識」，可能比較貼近它中性的屬性。為了方便這本書的討論，會把 self-awareness 的中文翻譯為「自我意識」，而 self-consciousness 的中文翻譯為「自我認知」。

自我認知

在心理、精神病學、神經生理學等不同領域的研究指出，人類的「認知」（consciousness）還沒有一個令人滿意的、普遍接受的定義，更不用說「自我認知」（self-consciousness）了。[26]「認知」是人類思維的功能，它負責接收、處理和具體化訊息，透過五種感官讓大腦去接收訊息，然後在大腦內進行推理、想像、情感和理性的處理，並判斷是否需要儲存或拒絕訊息。[27]按照一些科學和醫學的研究文獻[28][29][30]，認知可以由兩個基本的要素組成，包括「認知的層次」（level of consciousness）和「認知內容」（content of consciousness）。[31]

「認知的層次」：「喚醒」

認知的層次可以用「喚醒」（arousal）行為來判斷，我們所說的喚醒是指睡眠和清醒之間發生的連續性行為。正常認知的層次，包括清醒（wakefulness）和警覺（alertness）狀態，大多數人在不睡覺時處於這種狀態，或在正常睡眠階段，人們可以輕易地從其中醒來。[32]「認知障礙症（老年癡呆症）」是其中一種「喚醒」的異常狀態（abnormal stages of consciousness）。在香港稱之為「認知障礙症」[33]，在內地，醫學病名是「阿爾茨海默症」，別名是「老年癡呆症」。65 歲以前發病者稱為「早老性癡呆」，65 歲以後發病者稱為「老年性癡呆」[34]，在台灣被稱為「失智症」[35]，其病徵是記憶力變差，較嚴重的甚至影響日常生活，包括溝通困難、性格的改變、情緒的改變，甚至會完全喪失認知和自理能力。一項研究調查了自閉症患者的自我認知，結果顯示自閉症患者的自我認知有缺陷。[36] 另一項有關「自我認知」的研究，對三組（對照組、患者 A 組和 B 組）各 23 名人士進行評估，發現 A 組「額顳葉認知障礙症」[37]（frontotemporal dementia）和 B 組「阿爾茨海默症」（Alzheimer's disease）兩種類型的認知障礙症（癡呆症）都明顯引起自我認知的改變。而 A 組的「自我認知」損傷比 B 組和對照組更大。[38] 我們的目的不是在於研究這些病例，但是這些病例提供了一些有關「自我認知」的喚醒行為的信息，從而讓我們知道「自我認知」的存在，讓我們了解到，當「自我認知」的功能減退時，人的生活素質及人際關係會受到很大的影響。

「認知內容」：「意識」

讓我們來看看人的「意識」（awareness）是甚麼？研究顯示「意識」是「認知內容」。「意識」可以分為「外在意識」（external awareness）以及「自我意識」（self-awareness）兩方面。[39]「外在意識」是指人藉著五種感官去感知外在世界，並自願與外在環境互動的評估潛力（也稱為感知意識）。這種意識能夠幫助我們觀察他人，理解自己的行為如何影響他人。這種技能有時候被稱為「閱讀房間」（read the room [40]）的能力，它涉及了解或意識到與你交談的一群人的觀點和態度，以及在小組中互相交流時發生的事情。應用在工作上，它可以指當領導和團隊一起討論時，能夠察覺談話是否即將脫離軌道，並知道如何將其引導回正軌的能力。[41] 通過了解別人的看法，你就更能表現出同理心，並考慮其他人的觀點，把了解其他人如何看待自己延伸至同事、包括領袖及管理團隊，有助於與他們建立更好的關係。[42]

「自我意識」

心理學家雪萊·杜瓦爾（Shelley Duval）和羅伯特·威克倫德（Robert Wicklund）提出了「客觀自我意識理論」，並將其解釋為：「我們審視自己，把自身的行為與自己內部的標準和價值觀進行比較與評估。」這個客觀自我意識理論解釋了人格的建立過程和人類表現領域的眾多行為。[43] 在客觀的自我意識下，一個人經歷到的情緒是消極還是積極，取決於對某一標準的比較和評估後的結果。當發現與標準一致時，會產生正向的情緒；而當與標準不一致時，便會產生負面的情緒。這些情緒可能會觸發行為上的改變，或者導致人們否定自我（不喜歡自己）。[44]

早期關於自我意識的哲學討論，是由英國哲學家約翰·洛克（John Locke）提出的。他講述了一位王子和一位鞋匠的例子，王子的靈魂轉移到鞋匠的身體上，儘管他的外表看起來已經不再像王子了，但他仍然把自己看作是一個王子。[45] 洛克認為，我們只能通過一個人的外在行為而非靈魂去判斷他，也只有上帝才知道如何正確判斷一個人的行為。正如前面所說的王子的例子，個人身份建立在人的意識基礎上，只有自己才能意識到自己的意識，所以，人們只對自己有意識的行為負責。這構成了精神錯亂辯護的基礎：該辯護認為，一個人不可能對自己無意識的、非理性的或因精神疾病引發的行為負責。[46]

心理學家塔莎．歐里希（Tasha Eurich）和她的團隊進行了一項關於自我意識的研究[47]，他們調查了數千人，分析了近 800 份科學研究文獻，對那些自我意識有顯著提高的人進行了幾十次深度採訪。在採訪中首先要進行的，是理解自我意識到底是甚麼意思？他們發現自我意識是清楚地看到自己、理解自己，同時知道別人對自己的看法，以及自己融入這個世界的能力。此外，自我意識能夠給予我們力量。大量研究表明，自我意識高的人，通常有更牢固的關係、更有創造力、更自信、更善於溝通，而不太可能說謊、欺騙或偷竊。他們在工作中會有更好的表現，進步更快，是更有效的領導者。在自我意識上，有兩種類型的人：認為自己有自我意識的人，以及真正有自我意識的人。研究團隊又發現，95% 的人認為自己有自我意識，但實際上只有 10% 到 15% 的人能夠真正做到。也即是說，幾乎有 80% 的人的自我意識不強，不能夠真正認識自己。我們可以得出一個結論：不容易明白自我意識。

「自我意識」是指人的內心世界：思想、感受、想法、情感、想像、反思和白日夢等。[48] 在了解自己的同時，也了解自己對某些觸發因素的反應。具有自我意識的人，能夠掌握自己的情緒和思想，了解自己的優點和缺點，能夠駕馭自己的內心世界。除了認知自己的心情、感受和情緒外，也掌握到自己行為背後的原因，以及影響自己與別人之間的關係成長。[49]「自我意識」在文獻中有不同的操作性定義[50][51][52][53]，但是沒有一個比較統一的說法。那麼，自我意識的構念（construct）有哪些維度（dimension）？怎樣衡量在鏡子中「自我意識」的能力？怎樣可以提高這種能力？如何在職場中更喜樂、更投入、更正向地工作？以及何如建立更好的人際關係？這些都與「自我意識」的能力是否足夠和得以提升有關。

研究學者朱莉婭・卡登（Julia Carden）、麗貝卡・瓊斯（Rebecca J. Jones）和喬納森・帕斯莫爾（Jonathan Passmore）檢視了過往自我意識的研究，並嘗試總結了「自我意識」的構念和維度[54]，包括：(1) 信念和價值觀（beliefs and values），(2) 內在心理狀態（internal mental state），(3) 生理反應（physiological responses），(4) 人格特質（personality traits），(5) 動機（motivations），(6) 別人的看法（others' perceptions），(7) 評估自我的行為（assessing one's own behaviours）。希望可以幫助組織的領導、管理層、員工，以及其他在職場上的人員，提升自我意識的能力。

自我意識的維度

信念和價值觀：識別個人標準與道德判斷

信念是指對某人或某事的信任、相信或信賴的一種思想狀態[55]，對自己和周圍世界的個人看法和態度。由於信念的概括性，所以它並不是絕對個人化[56]，也會受到社會文化的影響。價值觀是指個人重視的事情[57]，在處理事情時作出選擇和判定對與錯的準則，是影響人的行為和思想的重要因素，與信念一起主宰人的思想和決定。信念和價值觀是個人在內省（introspection）探索過程的組成部分[58]，這些可以解釋人的行為和個人反應的因素[59]，可以幫助我們理解一個人態度的發展過程。[60][61] 正面的信念和積極的價值觀可以讓個人、家庭、組織企業、群體和社會邁向小康的道路，擁抱寬裕、和諧、理想和快樂的生活。

邁可桑德爾（Michael J. Sandel）在講學時用了一個價值觀（道德）判斷的例子，[62] 著名的火車軌道問題：假設你駕駛著一列火車，火車出了故障，剎車失靈，但尚能轉彎。如果不採取措施，你即將撞上五個人而遭罹難，如果將火車轉到另一條軌道上，會撞倒一個人而亡，此時你會如何選擇？選擇撞上五個人或選擇撞上一個人？這是一個信念和價值觀的問題。同樣背景，若你不是司機，而是站在橋上的一名行人，你身旁站著一位體重很重的路人，你發現他的體型與重量可以擋住火車，令火車出軌，不至於撞上那五個人，此時你會將此人推下去嗎？兩個選擇都是一個人與五個人死亡的考慮，但是選擇的答案可能不一樣。同樣是考慮由「五人遇害」變為「一人遇害」，為甚麼卻很少人選擇第二個情境？這就是價值觀導致的結果。這裡提出兩個道德的推理：結果主義道德推理（consequentialist moral reasoning）[63] 與絕對主義道德推理（categorical way of moral reasoning）[64]。簡單來說，前者只看結果，一個人死亡比五個人死亡的結果要好，便作此選擇；而後者不看結果而看本質，如果本質就不應該這麼做，那便拒絕。假設有一個人去醫院檢查，另有四位病人等待著器官捐獻才能有生還的機會，而做檢查的人完美匹配這四個人的器官。犧牲一人能使四人活下來，看似結果很好，但沒有人會這麼選擇，因為那個去醫院檢查的人本來就不用死，這是一個從本質上就不對的事情。我們的決定來自於價值觀，價值觀則來自於真理。如果「對錯」的判定是來自真理，那麼認識真理的程度多少，會決定判斷的能力，好比如認識數學真理越多，就越能發現數學的對或錯。

另一個是法律層面的「對錯」，其中一個觀點是，人類內在對公平的嚮往。羅爾斯（John Rawls）提出「無知之幕」（Behind the Veil of Ignorance）[65] 的法理理論：當人類在「無知之幕」後面做決定時，由於不知道自己的性別、種族、地位、財富狀況，所以會趨向選擇「公平」的原則去考慮，在這情況下產生的法律，不會偏袒任何一種人。法律另一個觀點，是不涉及道德評價，而是程序法上的規定，法律在合法（符合程序）的情況下成立，不論這種法律是好是壞，即使它是非常嚴酷的法律（Draconian Laws）[66]，當事人都要服從。這個在道德與法律上爭論不休、又沒有定論的難題，可能會出現一些合法不合理、或合理不合法的兩難局面。聖經有一段經文值得我們去思考：「你要提醒眾人，叫他們順服執政的、掌權的，要服從，預備行各樣善事。」[67] 在現代法治時代，人人必須守法，在法律體制內解決問題。[68] 此外，一些違反道德原則的思想，在法律上卻往往不會以思想入罪，起碼沒有說出來或寫出來的思想，是無法受審判，例如，聖經的另一段經文，或許值得我們去探討：「你們聽見有話說：『不可姦淫。』只是我告訴你們，凡看見婦女就動淫念的，這人心裡已經與她犯姦淫了。[69]」因為法律的基礎只考慮其普遍性（普遍適用的平等原則）、確實性（確實發生的事實）、妥當性（公平正義）和安定性（不任意變動）。在職場上，可能沒有如法庭上那麼嚴謹的程序去判斷事情的對與錯，不過許多人都以「法、理、情」去處理問題。

內在心理狀態

內在心理狀態，是指對刺激和反應之間，人內在所發生的狀況和過程，包括感覺、專注和記憶（情緒和情境的記憶）。與情緒成為朋友，是我們的終生功課，越早開始，距離幸福人生就越接近。年幼的孩子，如果沒有經過教導，情緒不佳時可能會發脾氣、躲在房間內、或揮拳打人，這種情況在他們長大後會有所改善嗎？那可不一定。有很多人，即使年紀再大，學歷再高，也無法妥善處理自己的情緒。因此，我們可以先了解情緒的原理，嘗試好好地管理情緒。詹姆斯和蘭格（James-Lange）提出有關情緒的理論[70]，雖然超過一百年，但是仍然得到不少人的認同。這個理論被稱為「吊橋效應」。例如人是因為先有笑這動作，才引致開心的情緒出現。也就是說，我們可以透過控制生理系統，去改變主觀情緒[71]。然而，研究人員發現，即使那些肌肉麻痺和缺乏感覺的人，仍然能夠感受到諸如快樂、恐懼和憤怒等情緒，所以，這些發現好像在推翻這個理論。無論如何，有些認同的人，每天看著鏡子大笑五分鐘，面部肌肉因笑臉的收縮而傳遞和反饋信息給大腦，讓人產生開心的主觀情感。[72] 坎農–巴德理論（Cannon-Bard theory），又稱為丘腦情緒理論（thalamic theory of emotion），指出大腦的下部，稱為丘腦（thalamus）之處，控制著人大部分的情緒經歷[73]，同時，大腦在功能較高階的部分——大腦皮層（cerebral cortex），簡稱為皮質（左腦：語言、意念、邏輯、理性；右腦：形象思維、情感），控制著不同的功能包括情感。沃爾特．坎農（Walter B.

Cannon）和菲利普・巴德（Philip Bard）在 1920 年代和 1930 年代初提出，大腦的這兩個部分會同時做出反應，該理論被稱為「戰鬥或逃跑反應」（fight-or-flight response）[74]，或恐慌突襲（panic attack）[75]。丹尼尔・戈尔曼（Daniel Coleman）詳細說明這個反應的過程（圖表 1）。[76]

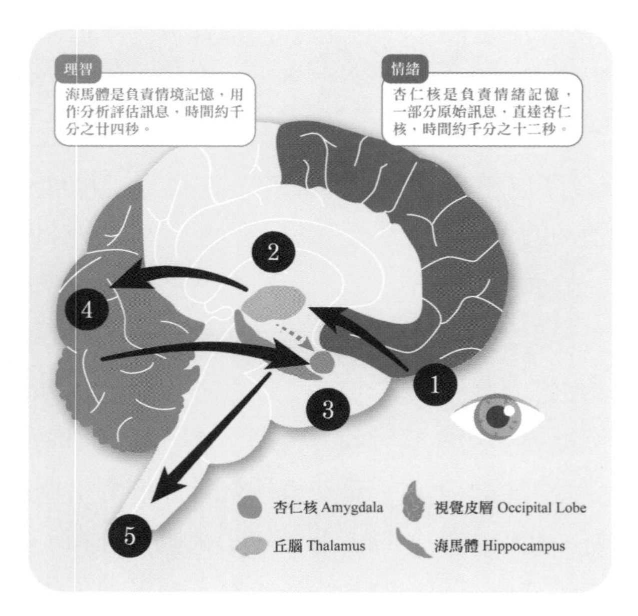

圖表 1：情緒智商的核心原理 [76]

圖表 1 描述了情緒智商的核心原理：每當感官——例如眼睛（標記 1），接收到外面的訊息或事物時，這些訊息或事物會透過神經元傳送到丘腦（標記 2）。接著訊息會傳送至視覺皮層（visual cortex）（標記 4），是大腦皮層中負責處理視覺訊

息的部分，位於大腦後部的枕葉，即我們需要分析訊息、評估或決定甚麼行動的地方，這就是我們平常所說處理「理智」的地方。如果有需要採取與情緒有關的反應，它會負責把訊息再傳送至杏仁核（標記 3），然後這些分析結果，會通知身體各部作出反應（標記 5）。需要補充說明的是，人體的感官系統有很多，包括但不限於視覺，還有聽覺和嗅覺等（這例子用上了視覺感官而已）。

海馬體記憶客觀事實，杏仁核負責情緒記憶，在訊息傳遞的過程中，有一些訊息會先直接進入杏仁核記憶（研究指出，訊息進入杏仁核的時間比較上述的訊息處理要快）。杏仁核在情緒記憶形成中有兩種作用，第一種是杏仁核調節其他大腦區域（例如海馬體）中與記憶相關的過程；另一種，杏仁核是情緒記憶的部分位置所在。由於杏仁核和海馬體等大腦區域之間相互動態的關係（不是靜態的），因此，杏仁核影響海馬體中與記憶相關的過程，以往的經歷便會影響人的情緒反應。[77]

舉個例子說明，大部分人在收到別人送的鑽石時，第一個反應可能是開心，之後才會想到鑽石價格昂貴的問題。這告訴我們，情緒的反應往往快於理智的反應。研究結果顯示，從眼睛到杏仁核約只需千分之十二至十五秒[78]，但到達屬於理智的視覺皮層需要增加一倍的時間（即大約千分之二十四秒）[79]。在很多時候，當一個人情緒上來了，他會口不擇言，穩定下來之後才會懊惱「我不應該說這句話的」，因為這時比較遲來的理智才出現。所以情商（emotional intelligence/quotient）其實就是情緒與理智之間的博弈。

情商的研究有不同發現，邁爾 - 薩洛維 - 卡魯索（Mayer-Salovey-Caruso）的情緒定義 MSCEIT 就是其中一個[80 81 82]，它是情緒智商的能力模型。此模型由四個維度或情緒能力組成，包括：

(1) 感知和辨識情緒（perceiving and identifying emotions）：能夠辨識你和你周圍的人的感受。

(2) 促進思考（facilitation of thoughts）：產生情緒的能力，然後有能力分析或理性地應對這情緒。

(3) 理解情緒（understanding emotions）：擁有複雜情緒的理解能力、能夠明白情緒會產生其他的情緒，掌握情緒如何從一個階段過渡到另一個階段的能力。

(4) 情緒管理（managing emotions）：管理和調節自己和他人情緒的能力，例如明白並開解其他人的焦慮，讓自己或別人冷靜下來等。

另一些的研究，把情商的維度分解為四個部分[83 84 85]：

(1) 對情緒的感知（perception of emotions）：是否識別、辨認、理解自己的情緒？例如，在甚麼情況下會難過？[86]在難過的時候會體驗到哪些情緒？哪些情緒常常出現？哪些情緒很少出現？

(2) 管理自己的情緒（managing own emotions）：是否有能力控制、調節自己的情緒？例如，在難過時可以做些甚麼才會好過一些？成年人很容易把產生情緒的重點放在負面上，而較少思考如何提升正面的情緒，但後者才是更重要的。在工作上每天都有一大堆難題需要處理和解決，我們是否能夠提出多種解決方案、沉澱解決方案、讓理智的分析先行、與情緒共舞。

(3) 管理他人的情緒（managing others' emotions）：是否察覺他人的情緒？我們的情緒，往往受到他人的影響。察覺了解他人的情緒包括：看到、感覺到、理解到他人的情緒，這些情緒可能會是羨慕——希望擁有別人所擁有的；爭競——好勝心的表現；嫉妒——面對不能擁有時的失落情緒，或不被重視或被否定時的焦慮等。

(4) 情感的運用（utilization of emotion）：如何應用、回應他人的情緒？我們控制不了其他人的情緒，由工作或生活引發起情緒是非常正常的事，我們要用心聆聽，並探索更多解決問題的可能性。

情商被發現是管理成功的重要預測因素[87]，它的高低與個人的成功與否有著極其密切的關係，所以如果你想成為一個好上司，情商的提升是必須的。認知到自己的情緒，懂得處理自己的情緒，同時察覺到他人與自己的情緒不穩定並懂得處理它，就能夠好好地幫助自己提升情商。

大腦對情緒的運作，似乎向我們提供了一個如何應對情緒、如何提升情緒能力的有趣提醒：要學習有意識地慢下來。《論語·里仁》：「君子欲訥於言而敏於行。」[88] 孔子提醒我們說話要謹慎，做事要勤力敏捷。聖經教導我們要「慢慢地」：「我親愛的弟兄們，你們要明白：你們每一個人要快快地聽，慢慢地說，慢慢地動怒……」[89]「慢下來」可以幫助我們建立自我，以及更好地建立人與人之間的關係。

我們用一個小朋友的例子加以說明。第一步要坦誠面對情緒，例如，當小朋友因掛念上班的媽媽而心情不好時，要學會懂得如何表達自己的情緒，並讓他人了解自己的感受。他可以向公公婆婆表達自己的感受，這是對「情緒的感知」或「感知和辨識情緒」的開始。第二步是「促進思考」或「管理自己的情緒」的階段。在這個階段，我們學習回應或處理自己的情緒，控制和調節自己的情緒，思考並提出多種解決方案。例如小朋友把掛念的心，轉為專注在玩意、繪畫、喜歡的故事書等事情上，讓等候媽媽回來的時間感覺變得短些。第三步是「理解情緒」或「管理他人的情緒」的階段。在這個階段，我們需要觀察、感知和理解他人的情緒，透過一些人的同行、陪同、聆聽、同理心等方式來幫助他們。例如公公婆婆察覺到小朋友情緒的來臨，鼓勵小朋友表達自己的感受的同時，讓他們由負面的情緒轉為專注其他事情上，繼而不再那麼難過。這樣，小朋友可以學習等候，學習如何讓情緒變得正面，掌握如何從一個情緒階段過渡到另一個階段的能力。第四步「情緒管理」或「情感的運用」，開解焦慮，讓自己或別人冷靜下來等。在生活或工作上引發起情緒，是非常正常的事。當媽媽回來的時候，讓小朋友說出對媽媽的思念，並嘗試說出如何面對這種情況；而媽媽可以引導小朋友分享如何專注在別的事情上，幫助他們一步一步地與情緒交朋友。除了媽媽，小朋友也可以學習等候其他人，例如爸爸等。在情緒的轉移上，有更多的經歷，經過一些時日，小朋友學會不再因為媽媽上班、不能夠見面而情緒不安或難過，並且學懂更多自我的意識。

在工作上有不同的意見、不同的解決方案、時間壓力等因素，容易引發情緒，特別是「擔心」的情緒，它在行為上不容易被察覺，因為擔心是非常隱蔽的情緒，它是由我們對未來的不確定而引起的。其他的情緒如羨慕、爭競、嫉妒等，可以透過人與人的理解和接納，學會欣賞勝過擁有，分享勝過獨佔，合作勝過競爭等方式來處理，從而與人建立良好的人際關係。

生理反應

「生理反應」（physiological responses）被稱為「身體感覺」[90]或被稱為「感覺」[91]。在正常的情況下，生理（體內的反應，包括身體或心理上）會處於平衡的狀態。當任何刺激破壞了體內的平衡，例如壓力源會導致生理或心理上不平衡的狀態，身體便會產生生理上的變化和反應，以避免身體可能受到創傷。這些變化和反應是由神經、內分泌和免疫機制相互作用造成的，使身體作好準備，應對內部或外部環境（壓力源）所帶來的挑戰。但是，如果暴露於強烈的、重複的（重複急性壓力）或長期的（慢性壓力）壓力源下，壓力反應就會漸漸變成對生理有害的反應，包括憂鬱、焦慮、認知障礙和心臟病。[92]

另外一個例子是，情緒是現今社會的一大問題，影響很多人的多種生理反應和過程，包括頸部肌肉張力增加、多種荷爾蒙濃度變化、以及心跳率的變化。交感神經活動導致心率增加（例如運動期間），而副交感神經活動導致心率降低（例如睡眠期間）。[93] 心跳過快（tachycardia）是指心跳超過每分鐘 100 次的醫學術語，它並不一定是一個問題，例如，在帶氧運動期間或在情緒壓力的反應下，心跳會升高，也可能不會引起任何症狀。但如果長期不處理，可能會導致嚴重的健康問題，包括心臟衰竭、中風或心臟猝死。[94] 其他的例子包括心跳加快、肌肉收緊、出汗、血壓升高、臉紅、偽裝、嘔吐等都是一些由焦慮、驚嚇、情緒困擾等導致的典型生理反應。

人格特質

每個人都有獨特的人格，它是指相對持久的行為特徵，這些特徵使每個人獨一無二，同時使人的思想和行為保持一致。人們發現自我評價，可以預測個人的看法和行為，評估有助於配對個人的職業和自己的特徵傾向，並會提高工作滿意度和改善績效。

在我們的生活中，我們常常對人及事物有不同的預測，並影響我們的行為。例如，當人們打開自來水時，我們會預期有水流出。又例如，人們定期運動和鍛鍊身體，因他們預測運動會帶來健康的人生。羅伯特．博爾頓（Robert Bolton）和多蘿西．格羅弗．博爾頓（Dorothy Grover Bolton）認為[95]理解人的行為，有兩個關鍵的導向，即「自信」（被他人視為主導、強制、或指令的行為）和「反應」（表達自己的情緒、了解他人感受的行為）。這樣的預測可以幫助我們認識自我，又可以讓同事之間彼此認識。當兩位不同風格的人一起工作，其中一個或兩個都必須作出調整，否則，會帶來緊張關係，低合作效率，溝通惡化，影響工作效率。[96]

勒溫（Lewin）的研究認為行為的改變，必須通過經驗的體會，這是學習過程中的必然性，在獲得經驗後加以反思、觀察和總結，可以提升學習過程的有效性。[97]杜威（Dewey）的理論與勒溫相似，他強調學習是實際經驗、概念、觀察和行動綜合產生的過程，作為下一步行動的基礎。經驗和行動會影響我們的人格，透過不斷的學習和獲取經驗，我們的人格也不斷被塑造，同時，我們的自我認知能力和自我意識也不斷提高。基於這些研究，考伯（Kolb）提出體驗式學習（experiential learning）[98] [99]，這是一個週期學習模型，可以分為四個階段：

(1) 具體的經驗：這種經驗代表了個人的具體接觸、體驗或感受。意味著具有這種學習特徵的人，善於人際交往，建立關係，同時擁有領導力及意願理解和幫助別人的行為。

(2) 觀察和反思：這種經驗代表了個人的觀察和探索，集中或強調為甚麼要這樣做的理據。具有這種學習特性的人，能夠加強信息整合和提升技能。

(3) 抽象的概念：這種經驗代表新舊觀念的融合和新思維的產生，強調會帶來的意義。具有這種特徵的人擁有良好的感知能力，擅長運用邏輯、思考、概念、構建理論等進行信息分析的行為。

(4) 主動去體驗或經歷：這種經驗代表行為的實踐，將新理念在實際生活工作中應用出來，強調知識和經驗的應用，強調目標設定、行動方案和其執行的主動性的行為。如圖表 2 所示，這是一個經驗、學習、人的行為改變的持續改變過程。

另一個有關人格的了解，通常被稱為「五大人格特質」（The Big Five Personality Traits），包括五個基本維度[100]：

(1) 外向型（extraversion）：有活力、正向思維和情緒、反應快、自信、健談、具社交能力。

(2) 親和性（agreeable，或被翻譯為「宜人性」）：性格和特質包括親和力、合作性、信任他人、為別人著想、富善良的心及情感豐富。

(3) 開放型（openness，或被稱為「對經驗的開放性」，openness to experience）：對世界和人充滿好奇，接受新體驗和

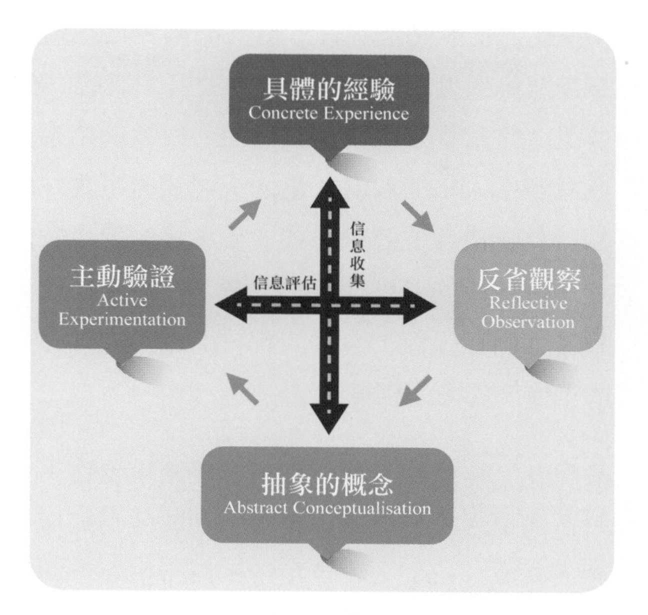

圖表 2：考伯的學習方式 [98] [99]

冒險，渴望學習新事物、有廣泛的興趣，強調想像、創造和洞察力。

(4) 盡責性（conscientiousness）：是以目標導向來控制、規劃、並有條理地執行任務的行為，亦會考慮自己的行為會否影響他人，提前規劃，著重任務在限期內完成。所以，其行為特徵是自律、主動和深思熟慮。

(5) 情緒不穩定性／神經質（neuroticism）：情緒不穩定、情緒波動、喜愛彈性、易怒的性格，是一種傾向藝術、情感、體驗各種各樣生活性情的人格。其行為特徵是常常感到很大壓力，擔心很多不同的事情，容易心煩意亂。

「五大人格特質」並不代表所有行為的表徵，也不是好與壞的分野，它是描述每個人不同的行為取向[101]；在某些場合中，這些行為可能是人常常提及的強項和弱項。研究的結果揭示了好些有關自我意識中人格的取向，幫助上司或同事更好地了解自己的性格和行為特徵。他們是怎樣的人？是領導者？做生意的外向型人才？做技術的分析型人才？還是在後勤裡任勞任怨的默默工作者？他們在工作上面對問題時，行為上會有甚麼的特徵和反應？復原的能力如何等？

人格的了解會在工作分配和合作共事時起到重要作用。如果一個小組裡每個人都想當領導者，肯定不利於任務進展，每個人都是外向型人才或分析型人才也不行，只有擅長不同領域的人共同合作、取長補短，才能提升工作效率，促進個人的發展。

動機

幾乎沒有人不同意，這個世界發生了巨大而且不可預測的變化，未來變化的速度和範圍都會加快。近年人工智能和自動化的發展重塑了整個世界，在這種快速的變革步伐中，意識到自己的改變取向，會是成功應對改變的重要向導。自我意識中的動機（motivations）與行為改變有關聯，而個人目標的設定，又與行為的改變有關聯。所以動機有助我們設定目標，一些研究的結果指出，有意識的行為是有目的的，並且會受到目標的影響而做出調節。[102] 設定目標的領導者可以取得更多的進步；

而那些設定了多個目標的人，被認為比那些只設定一個目標的人，在各項能力上都有更大的進步。[103]

保羅．斯托爾茨（Paul Stoltz）提出，當人們視逆境為不能夠改變、無法克服的一些境況，長期處於逆境中，會漸漸形成一種悲觀心態。[104] 馬丁．塞利格曼（Martin Seligman）也有類似的看法，人們面對逆境會降低復原的能力。[105] 不過，我們面對逆境，不應該無條件地悲觀，重要的是培養內在的生命力，抗逆力的元素，包括歸屬感、樂觀感、效能感、堅持忍耐。在企業組織裡，培養出同事們一起同舟共濟的文化，讓我們從正面的學習去改變我們的動機，進而影響我們的行為。

在不明朗的情況下，嘗試去思考自己的容忍度究竟有多少？當你去見一位客人，談一份未知能否合作成功的生意時，你可以容忍的時間有多久？當你叮囑下屬提交報告，而他遲了一天或兩天時，你的容忍度又到哪裡？不明朗的情況，能夠有一個清晰的目標，會增加我們對動機的持久性。我們的動機、我們的行為，正是直接影響我們是否嘗試改變我們的態度的重要元素之一。例如，思考是否能夠承擔上司給予的責任？如果在自己能力不足時，主動與上司說：「對不起，我無法執行，原因是……」，這一點體現了我們的動機是希望把事情做好，嘗試啟動在本身的能力，在動機和行為上控制環境，而不是被環境所控制。

別人的看法

別人的看法（others' perceptions）是指自我以外的其他人，看到或聽到自己的行為、表現、言語、人際關係、情緒等多方面的反饋，這些行為可能會影響其他人如何解釋、理解、認識自己，所以把這自我意識的維度——外部可見的行為，歸納為人際的一部分。[106] 雖然從理論上來說，個人可以透過考慮別人的看法，來獲得一定程度的自我意識，但基於回饋的理解可能有偏差，自我意識可能會出現不準確，例如，許多人可能對自己的印象比別人的看法更好，會有「自欺欺人」的傾向。[107]

評估自我的行為

評估自我的行為（assessing one's own behaviours）是發展的核心[108]，其過程包括內省（introspection）和反思（reflection）[109]。它強調能夠說出自我的想法、感受以及理解動機和行動，這與自我意識的組成是一致的。內省是指分析自己的行為、思想以及這些行為如何影響他人。內省是透過自我的提問來檢視個人的想法、感受和動機，嘗試從不同的角度去評估自己，加以改善。從物理上來說，反射是指光照在物體時，光在物體上反射出來，所以，是透過利用其他的光來照亮自己的過程。例如，如果月球表面不反射太陽光，我們就不會知道月球的存在，因為沒有反射出來的光，我們便看不到月球。同一樣道理，反思是審視自己，思考和分析經驗，鍛鍊洞察力和理解力，但不包括評論自己。

評估自我的行為可以有四方面：(1) 自尊：人們認為自己有能力、成功和有價值的程度[110]；(2) 自我能力[111]：一個人在各種情況下都能勝任工作的感覺[112]；(3) 控制的能力[113]：指一個人對自己能夠控制自己的程度的信念；(4) 積極的態度：積極的態度和正向情緒可以影響其他人發展出和維持一個積極的情緒氛圍。

提高自我意識

現在，我們將自我意識的這幾個範疇集合在一起，加以思考和總結，要提高自我意識，最理想的方法是通過不同形式的學習，例如獲取外在的知識，包括閱讀書本和文獻，觀察自己的價值觀、情商、生理反應和自己的人格；要聽取別人的看法、內省和反思。這些知識需要通過積累的經驗，一次又一次的驗證和實踐[114 115]，我們會發現自我意識會漸漸提升。這些因素對於上司和下屬之間的相處、解決問題、信心的建立尤為重要。作為上司，更要好好掌握自我認知，才能幫助下屬認知自我。

一對珍稀血雀共同棲息於樹枝上。（作者林寶興博士 攝）

分享篇

共同價值觀

大約在二十年前，我推動了香港品質保證局（HKQAA）的管理團隊一起討論、分析、交流和總結 HKQAA 的機構文化——共同價值觀「GIFTS」[116]，如圖表 3 所示。隨著組織不斷的發展，目標管理也朝著這方向制定，每年年終都會檢視共同價值觀在執行上的情況。在這個含有「禮物」之意的詞語中，英文字母「G」代表「成長」（Growth），代表 HKQAA 與業界共同追求成長，以專業的態度不斷改進，致力提升客戶與員工的競爭力，追求機構、員工、客戶的共同發展及成長；此外，員工的能力、事業的發展，也是組織看重的發展方向。英文字母「I」代表「誠信」（Integrity），顯示團隊對誠實可信的堅持；無論對內或對外，以誠實、信譽和承諾，作為服務的基石；英文字母「F」代表「公正」（Fairness），強調公平公正，保證員工及持份者得到公平、公正的對待；英文字母「T」代表「喜樂團隊」（Team with joy），代表著員工心存喜樂；團隊常以喜樂的心情盡展所長，完成有意義、有價值的工作和任務；而英文字母「S」代表「社會責任」（Social responsibility），HKQAA 提供的服務本身便含有社會責任的元素，在日常服務中推動著社會責任，更以自身資源積極推動和履行助學扶貧，設立助學獎金和知識分享平台等，以造福社會為己任，並將社會責任納入營運理念中，促進可持續發展，以回饋社會和國家為目標。

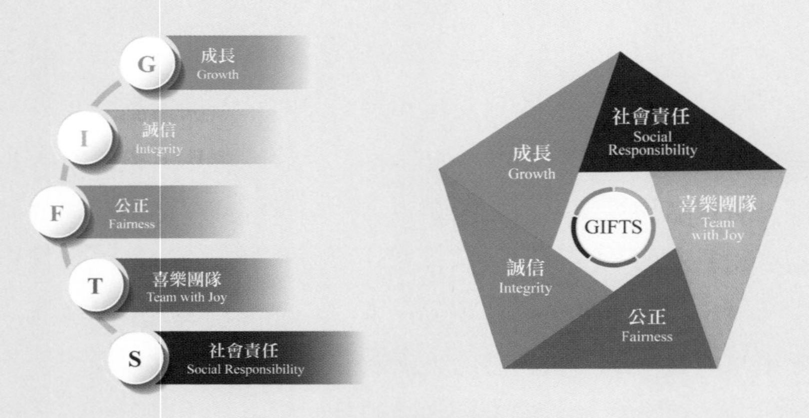

圖表 3：HKQAA 的共同價值觀 [116]

除此以外，HKQAA 制定一套普遍的、全面的、一致的原則來指導同事做出正確的決定，雖然並不是一件容易的事情，然而，HKQAA 仍是按照一些準則用來作為選擇和作決定時的依據。

(1) 公正性（impartiality）[117]：為了確保公正，減少存在偏見的風險，在做出決定之前，有必要把技術人員、核查人員和作決定的人員分開。

(2) 合理性（reasoning）：決定必須是合理、掌握事件所有事實的理性決定。

(3) 程序公正（procedural fairness）：決策需要在程序上以「公正」的方式進行，做出決定。

(4) 頭版測試（front page test）[118]：假如HKQAA做了某個決定，第二天就會出現一則頭條新聞向大眾展示，在考慮可能會產生這個後果後，還會堅持最初的決定嗎？

(5) 黃金法則測試（golden rule test）[119]：即《聖經》中所說的「你要別人怎樣待你，你也要怎樣待人」[120]。在做決定前將心比心地想想，假如你做的事轉變成別人將對你做的事，你能否接受？

(6) 良好睡眠測試（good night's sleep test）[121]：在做了這個決定之後，你能否安然入睡？或者更確切來說，良心是否過得去？

價值觀是用來做決定的。我們的價值觀會影響我們作為一個上司要做的決定。在工作環境裡，常常會遇到許多問題：例如下屬不小心拿了一支筆回家用，原則上這支筆是公司的，但這又好像是一件很不起眼的小事，該如何處理？在面對一些重大的決定時，上司雖然擁有權力，但也會影響同事，在做決定時必需三思而後行，所以，就更需要有責任建立一個合乎道德標準的工作環境。

不要把重要的推遲
而變成緊急的任務。

應當一無掛慮，
只要凡事藉著禱告、祈求，
和感謝，將你們所要的告訴　神。

（腓立比書四章 6 節）

第二章
個人復原力

在工作中，你是否會感到無力？無論是面對簡單或者艱鉅的任務，都要用上一整天的精力和時間，有時會感到筋疲力竭和沮喪，甚至會感到無法處理好或完成工作。當離開工作場所，帶著這些情緒回到家裡，似乎對每一件小事情都感到不滿——從進入大門開始，廚房的污垢、客廳裡堆疊著未分類的文件等等。假如你對自己說：「我再也承受不了這種情況了。」或者說：「為甚麼我總是對這麼小的事情反應過度？」又或者事情雖然進展得很好，但你總是認為缺少了些甚麼東西。當面對挑戰，或出現不如人意的情況時，為甚麼有些人能擁抱艱難時刻，欣然度過，而另一些人卻沒有那麼容易呢？

在這一章裡，我們會認識甚麼是復原力，以及如何在職場、社交群體和生活中提升這種能力，幫助我們在面對嚴峻的考驗、急劇的改變、來不及的反應、高難度的挑戰、工作的壓力、莫名的情緒低落、不如意的事情、或身體出現問題時，應對並發揮個人的復原能力。

壓力與復原力

壓力的定義

世界衛生組織將壓力定義為：「壓力是人類為了應對生活中的挑戰和威脅所產生的自然反應，這些困難的境況可能會引起擔憂或精神緊張的狀態。[1]」在強烈刺激下的反應，會導致精神緊張、難以放鬆、焦慮、煩躁和注意力不集中等。[2] 在身體方面的反應，會導致頭痛、身體疼痛、胃部不適、睡眠困難、失去食慾或吃得比平常更多而出現肥胖的情況，亦可能會影響身體健康，增加對酒精、煙草、咖啡或其他物質的使用，習以成癮。

壓力是我們的朋友嗎？

心理學家凱利．麥格尼格爾（Kelly Mc Gonigal），曾經提出[3,4]：壓力會增加生病的風險，小至普通感冒，大至心血管疾病。然而，她花了八年的時間研究，追蹤美國三萬名成年人，了解壓力是否會損害他們的健康。經詳細研究後，那些承受高壓力的人，其死亡率可能要高出 43%，但前提是他們相信壓力對他們有害。值得注意的是，那些經歷過高壓力但認為它不是有害的人，其死亡的風險反而下降至最低。凱利意識到，只有當你相信壓力是有害時，壓力才真正是有害的。

研究發現，改變對壓力的看法，會改變身體對於壓力的反應機制，讓我們變得更健康。哈佛大學醫學院臨床精神病學教授羅伯威丁格（Robert Waldinger）進行了一項可能是史上最長的「幸福感」研究[5]，長達 75 年。從 1938 年開始，研究追蹤了 724 位成年人，第一組的研究對象，是哈佛大學的大二學生，全部都能夠完成大學文憑，第二組的研究對象，是波士頓生活條件極差的貧困居民。研究團隊每一年都會詢問研究對象的工作、生活、健康等狀況。這些研究對象長大後進入社會，在不同行業裡工作，有工廠工人、有律師、有醫生、有某一任美國總統、有酗酒的、有患精神分裂的、有從底層爬至上流階級的。七十多年來，研究對象逐漸年老，由年青的學生變為七百多位老先生、老太太，此外，也得到他們的同意，把他們的兩千名子孫作為研究對象。大概沒有人可以想像這個研究至今仍然持續進行，這七十多年來、幾十萬頁的研究資料和醫療記錄，其研究結果給了我們甚麼啓迪？

雖然研究的初衷是「喜樂」，但是研究的結果給了我們一個與生活在壓力中相關連的概念：「良好的關係」是維持人的快樂與健康因素，可以減少生活上的壓力。威丁格教授表示，「良好的關係」有三個重點，也帶來了三個好處：(1) 孤單對人有害，社交活躍有益健康；(2) 朋友不在數量多寡，而在於關係深淺；(3) 良好關係可以使身體健康，保持腦部活動能力。

一種神經荷爾蒙——催產素，可以在腦袋裡微調人的社交本能，使人與人之間產生親密的關係，渴望與別人接觸，包括朋友和家人，有助增強同理心，變成一個關心別人的人。催產素已被證明可用於抗壓和抑制焦慮等心理社會行為，它是一種隨壓力而生的荷爾蒙。當我們在受壓的情況下去與人接觸，不論是想尋求幫助或是幫助他人，身體都會釋放出更多的荷爾蒙，這抗壓的機制可以使人更快適應和面對壓力，或從壓力當中解脫，使人變得更健康。關於催產素在復原力中的作用，其報導越來越多。「良好關係」在人與人之間的互動中成為面對壓力的良方妙藥，這個研究結果與心理學家凱利·麥格尼格爾的「正向思維」相近。[6] 她的「正向思維」是自我內在的激化力量，而威丁格的「良好的關係」是外在關係的支持力量，兩者的向導值得管理者反思，幫助下屬更好地應對壓力。

復原力的定義

復原力在研究上似乎沒有一個通用的定義。[7,8] 透過不同研究的結論，復原力可以被描述為：人面對長期的壓力或破碎的生活，包括工作上的人際關係、繁重的工作、親人過世、離婚、財務問題、失業、自然災害、身體不適等問題，透過利用自己的技能和優勢，包括內部和外部資源，來決定行為、思想和感受的優先次序的過程，並應對（包括適應、調整、超越）在不同處境和發展中的挑戰，仍然有能力保持身體、精神、情感和特定發展上的靈活性和韌性，在困難中變得更堅強、更明智、更有能力。[9 10 11 12]

復原力的操作定義，以康納 - 戴維森的復原力測量表（Connor-Davidson Resilience Scale, CD-RISC）為例，可以用作測量在壓力下的復原力，作為治療焦慮、憂鬱和長期壓力下的重要考量。[13] 另一個復原力的操作定義，是莫克斯內斯和豪根（Moksnes, Haugan）的復原力測量表，是測量青少年應對能力和心理健康的重要資源。[14] 復原力較強的人所面對的壓力、痛苦、悲傷或焦慮並不比其他人少，但是他們不會那麼容易陷入絕望或使用不當的應對策略來逃避問題，而是直接面對在生活、工作、家庭或學業上的困難。復原力似乎是取得成功的秘訣，也是良好心理健康的基礎。[15]

提升復原力相關的因素，包括：(1) 身體：飲食和運動等；(2) 心理：自我認知、正向思維、適應方式、靈修和信仰等；(3) 情緒：樂觀和幽默等；(4) 群體支援：利他主義、接納和建立關係等。這幾方面都可以增強復原能力，降低因壓力、生活、情感或工作所引起的問題，例如身體健康問題、情緒問題、焦慮、抑鬱、逃避或其他可能影響正常生活的問題。[16]

復原力是應對壓力的心理力量

當我們應對一些挑戰或處理重要的事情時，會感受到壓力。它不僅僅是一種情緒，亦是一種與生俱來的身體反應。[17] 如果因為同一時間承擔太多而感到疲憊不堪，或事情出亂子時，你便需要有更強的復原力（韌性）來維持和恢復心理健康。[18] 復原力賦予我們應對困難時的心理力量[19]，在需要時可以調動精神力量的儲備，幫助我們渡過難關而不至於崩潰。心理學家認為，有復原力的人能夠更好地應對逆境，並在掙扎後重建自我及生活。[20]

壓力來源對健康構成真實或潛在的威脅，人體的本能，會調動眾多保護系統，包括釋放荷爾蒙，體內的大腦和全身的器官及細胞開始工作，以減少威脅。人體的腎上腺會釋出多種壓力荷爾蒙（stress hormones）[21][22][23]，包括皮質醇（cortisol）[24][25]、去甲腎上腺素（noradrenaline）[26] 等。這些對短期壓力發揮作用，對身體或許沒有任何影響，但當它發生的頻率過高或者時間過長時，這些荷爾蒙在血液運行，會使心跳加速、血壓上升，久而久之，就會造成高血壓的風險。同時，壓力荷爾蒙還以多種方式減弱免疫細胞的功能[27]；免疫細胞能夠協助對抗入侵者和損傷後的修復，一旦免疫細胞的功能減弱，身體會容易受到感染，修復的速度也會減慢。此外，當大腦感受到壓力時，它會激活自主神經系統，通過神經連結的網絡，影響腸道神經系統，這種大腦與腸道的神經連結，最終導致一系列胃腸道的疾病。[28] 所以，一些應對壓力的策略，或許可以幫助我們避免或減少身體受到長期的影響。

我們可以使用不同的策略與壓力為友。首先是積極的策略：消除或減少壓力的來源。其次是主動的策略：增強個人應對壓力的復原力。最後是被動的策略：發展一些暫時性的方法來應對壓力的來源。[29] 使用哪一些策略，要視乎壓力的多少來決定。不過，我們不容易界定有多少壓力，所以，只能夠通過留意身體與生理上的變化和徵兆來判斷。

身體與復原力

身體的復原力，是指壓力來源破壞了人正常穩定的生理狀況，而做出修復身體的反應能力。耶魯大學醫學院的一篇研究，綜合討論了由壓力誘發抑鬱症相關的神經生物學和社會心理因素，並將這些因素與那些被認為具有面對壓力的復原力的因素進行了比較，發現相關的神經生物學元素可以增強復原力，這些元素包括血清素（serotonin, SSRI）[30]、5- 羥色胺 5-HT1A 受體（5-HT1A receptor）、5-HT 轉運蛋白基因多態性（polymorphisms of the 5-HT transporter gene）、去甲腎上腺素（norepinephrine）、α-2 腎上腺素能受體（alpha-2 adrenergic receptors）、神經肽 Y（neuropeptide Y）、α-2 腎上腺素能基因多態性（polymorphisms of the alpha-2 adrenergic gene）、多巴胺（dopamine）[31]、促腎上腺皮質激素釋荷爾蒙（corticotropin-releasing hormone-CRH）、CRH 受體、脫氫表雄酮（dehydroepiandrosterone-DHEA）和皮質醇。[32] 我們試舉一兩個例子，說明這些因素是如何提升復原力。

有人稱血清素為快樂素，它是一種神經傳導物質，由色胺酸（Tryptophan-TRP，有快樂因子之稱）轉化而成，人體吸收色胺酸（TRP）可以幫助增加體內的血清素[33]，使人有快樂的傾向。食物中含有色胺酸的包括：可可豆[34]、黃豆[35]、大紅豆[36]、豆類種子[37]、鱈魚[38]、小魚乾[39]等。另一些研究也發現大腦中的血清素水平取決於含有色氨酸的食物，這些食物包括雞肉、大豆、穀物、金槍魚、堅果和香蕉等，可以作為改善情緒和認知的替代品。[40]所以，含有色胺酸的飲食，對憂鬱症和社會認知受損的人有一定程度的幫助，也是預防憂鬱症的良方。[41]

多巴胺是面對壓力下復原的重要因素之一，可以在食物中吸收。這些食物包括香蕉或大蕉、牛油果、豆類、蠶豆、橘子、番茄、茄子、菠菜、蘋果、豌豆等。[42]由於多巴胺的合成路徑由胺基酸（amino acid）開始，至酪胺酸（tyrosine），然後合成多巴胺，因此含豐富的酪胺酸食物，例如堅果、蛋、肉類、魚、豆類、全穀、大豆等，也可以提升多巴胺的水平，改善復原力。[43]如果不能夠從大自然的食物中吸取多巴胺，可以透過一些 5-HT1A 激動劑的藥物，推動 5-HT1A 依賴性機制去刺激多巴胺從皮質（cortex）流出，從而改善某些認知領域的能力。[44]所以，善用增加多巴胺水平的方法，對增強復原力有極大的幫助。

面對壓力時，身體上的腎上腺素和去甲腎上腺素（adrenaline and noradrenalin）的濃度增加。腎上腺素能激活交感神經系統，發揮免疫調節的作用。[45] 但是，長期的慢性壓力，會影響和降低人體的免疫力。[46] 有一項研究發現 β- 葡聚醣補充劑，對中度心理壓力、上呼吸道症狀和心理健康有正面的影響，每日使用膳食補充 β- 葡聚醣補充劑，可以減輕由於壓力帶來上呼吸道症狀的影響 [47]，顯著減少因感冒引起的睡眠困難 [48]，並改善情緒狀態，有效提高免疫力。[49] 另一項研究發現 [50]，在眾多天然免疫調節劑中的葡聚醣（glucan）和白藜蘆醇（resveratrol），特別是來自釀酒酵母的 β- 葡聚醣（β-glucan），可以降低癌細胞轉移數量，調節免疫系統，並降低上呼吸道流感感染的一些風險。[51] 使用自身免疫系統的生物反應，以抵抗病毒和細菌的感染，減低普通感冒出現喉嚨痛、鼻塞、鼻水、發燒和頭痛等症狀，並且可以用作預防，治療和保護；[52] 提升免疫力，直接增強身體復原能力，這種方法和新思維具有一定的吸引力。β- 葡聚醣的主要來源是燕麥，大麥、真菌、某些蘑菇中、藻類和酵母。[53] [54]

壓力窒息與復原力

「壓力窒息」（chocking under pressure）是現今體育運動中，運動員、教練和運動心理學家最為關心的課題之一。擁有深厚的專業知識和多年實踐經驗的運動員，在最關鍵的情況下，或最重要的時刻，經常因為壓力無法達到日常練習或預期的表現，這現象被稱為「壓力窒息」[55]，誰也不能倖免，例如，聖雄甘地（Mahatma Gandhi）第一次以律師的身份在法庭上打官司時，就因為窒息時刻而「羞辱地跑出法庭」[56]，著實非常尷尬。研究人員對「壓力窒息」進行了研究和討論，確定了加快窒息發生時的人性特徵，就是在壓力下有意識地控制自主運動技能和語言知識，其表現反而下降。[57] 換言之，在壓力下有意識的控制反而會出現失準。若是執行比較簡單的任務，儘管壓力水平顯著上升，其表現水平未必會受到影響。但是，面對比較複雜的情況、如高爾夫推桿技巧，在壓力下執行，雖然是有意識去控制自主運動技能，卻往往看到不理想的表現。[58]

我們來了解導致窒息機制的理論和模型。首先是「分心理論」（distraction theories）[59]。當大腦全神貫注於擔憂、懷疑或恐懼，而不是專注於執行手上的任務時，這些不相關的想法在同一時間內爭奪大腦的資源。只能處理這麼多信息的「注意力」，就必須作出一些讓步，這時表現就會受到影響。第二是「明確監控理論」（explicit monitoring theories）[60]，它是構成了壓力窒息的另一種解釋，其邏輯是壓力會導致人們過度分析手頭的任務，因為技能是不經意的自主思考模式，其精確度被過度分析反而會干擾到能力的表現。

我們大多數人都可以反思自己一些令人窒息的時刻。當你面對重要客戶或上司時，當你在演講、接受訪問或交談時，你可能會失去了直接思考的能力或聲音。那麼，我們怎樣才能在關鍵時刻，在壓力窒息的情況下，仍然充滿韌力或復原能力呢？以下是三點建議：

第一點，研究人員發現，與那些習慣在壓力下練習的人相比，那些在沒有壓力下練習的人在焦慮時會表現較差。[61] 其次，許多表演者會進行表演前的例行公事，如深呼吸、重複提示詞，做有節奏的動作等，這些方法都可以減少壓力窒息。第三點，將焦點放在外部（external focus）。例如，在練習時將專注力放在最終目標上，而不是操作的方式或機制上，這樣的效果會更好。[62]

壓力下的失眠與復原力

你會徹夜難眠嗎？必須認真思考某些問題、大旅行帶來的興奮感、要完成的某些工作、即將來臨的考試、或時差和極度睡眠不足，都會打亂了生理時鐘，嚴重的會破壞睡眠時間表，幾乎任何事情都可能導致我們偶爾不能入睡。除此之外，許多其他因素也可能會影響睡眠，例如伴侶打鼾、身體疼痛或情緒困擾等。在大多數的情況下，睡眠不足都是短暫的，最終，我們會因為疲憊不堪而入睡。這些暫時的壓力可能很快便會消失，短暫不能入睡也不會帶來嚴重的問題。然而，如果不能入睡的情況逐漸變為持續性，到了睡覺時間卻不能入睡的焦慮出現，便會使人感到很大的壓力，緊張的大腦會劫持壓力反應系統，讓體內充滿「逃跑戰鬥力」的化學物質，例如上文提及的壓力荷爾蒙（皮質醇、去甲腎上腺素等）在血液中流動，增加心跳率和血壓，使身體過度興奮。在這種情況下，大腦會尋找潛在的威脅，那怕是很輕微的不適或聲音，都會使人難以入睡。當失眠患者最終入睡時，他們的睡眠質素也會受到影響，到那時，失眠（睡眠障礙，insomnia）便會影響你的健康和工作表現，不容忽視。[63]

對於提升失眠復原的能力而言，良好的睡眠習慣非常重要，它可以幫助你重建就寢的秩序。首先，要確保臥室環境黑暗、涼快和舒適，儘量減少過度興奮期間的「威脅」。[64] 床只能用來睡覺，如果你感到不安，可以離開房間，進行閱讀、冥想或寫日記等放鬆的活動，讓自己疲憊後，再入臥室睡覺。此外，透過設定休息和起床的時間來調節新陳代謝和調整生理時鐘。這個時鐘的晝夜節律，對光是十分敏感的，因此晚上避免明亮的燈光，幫助你告訴身體該睡覺了。除了這些之外，可以使用醫生處方的藥物來幫助睡眠，但是沒有可靠的藥物對所有情況都有幫助。[65] 非處方安眠藥可能容易上癮，小心謹慎避免使症狀惡化。如果不是因為壓力增加而不能入睡，只是在一般人的就寢時間難以入睡，可以按照自己的情況稍作推遲，然後再舒適地睡覺，儘量不要因失眠，勉強自己。

職場壓力與復原力

職場的壓力

工作壓力的來源，可能來自輪班工作、超時工作、限時達標、角色衝突、職業發展、職場人際關係或兼職壓力等。[66] 此外，來自工作環境的壓力，包括照明不佳、噪音過大、不適宜的溫度等。也有來自組織的壓力，包括政策和程序不清、公司文化的衝突、管理的風格和不同的理念、人力資源不足的問題、沉重的工作量、部門溝通的不協調、培訓不足、業務產品開發能力欠缺、目標含糊等等。[67] 有些人可能會對壓力產生負面的反應，但壓力也可能為另一些人帶來動力或正面的思維。這些差異在於每個人的復原能力的不同。[68] 當人面對壓力時，行為可能會變得比較極端，若是領導者傾向獨裁，富有表現力的業務人員可能會表現出爭競的姿態，具分析型的技術人員可能會迴避或拖延決策，而和藹可親的後勤人員則只能選擇默默地接受。[69]

作為上司，如何察覺下屬或同事的壓力可能已經到了臨界點？可以從他們的工作表現入手，如缺勤、失誤、對工作表示不滿、甚至發生意外事故等，又可以留意他們的身體狀況，例如不能集中注意力、焦慮不安、胃病、抵抗力下降、病假較多出現在星期一等。[70] 當出現這些情況時，便應該對下屬多加留意，幫助他們解決壓力帶來的問題。

多種職場壓力與復原力

1. 來自時間壓力及復原力

史蒂芬．柯維（Stephen Covey）提出了一種在工作上決定優先次序的方法，把工作分為「緊急性」和「重要性」兩個維度。[71]「緊急性」是那些關鍵的、須即時處理的任務。在職場上，大部分的人忽視了重要性的工作，用了大部分時間去處理緊急的事情，因為緊急任務往往與其他任務相關連，迫在眉睫，必須立即處理。在大多數情況下，當人知道必須要完成某件事，但一直把它推遲，事情就會變得緊急或出現緊急情況。例如，確認收到電子郵件或提交日常且不那麼重要的報告，但是，如果忽略了提交日期便可能會演變成為一項緊急任務。根據柯維的說法，他提出了一個 2X2 的矩陣來說明「緊急性」和「重要性」兩個維度的關係：(1) 既緊急又重要，(2) 不緊急但重要，(3) 不重要但緊急，或 (4) 既不緊急也不重要。[72] 如圖表 4 所示的工作優先順序。

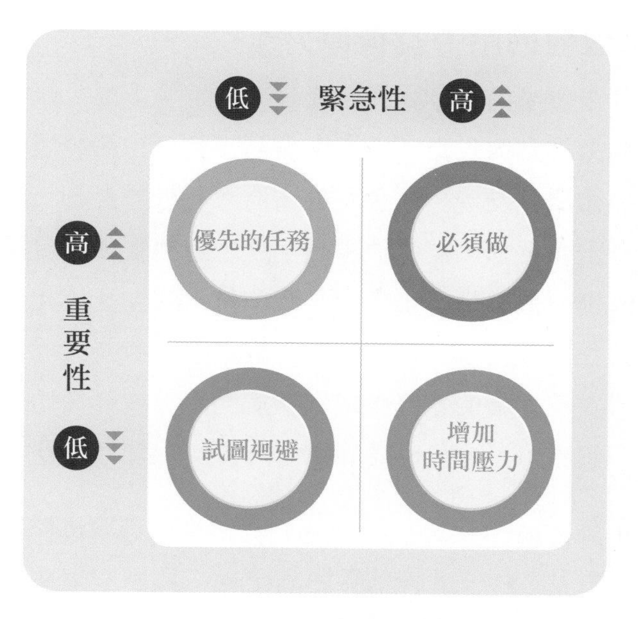

圖表 4：工作的優先順序 [72]

為甚麼要先處理最重要的事情？因為如果你從不重要的事情開始，你可能會耗盡時間而未能完成重要的事。那麼，我們如何決定哪些任務是比較重要的？決定往往取決於事情的價值，而我們必須平衡兩方面觀點：(1) 給你帶來最大利益的事情和 (2) 做正確的事情。不要僅僅根據時間和金錢來評估事情的價值和結果，每項成就都有其內在價值，與實現它所花費的時間、金錢和資源沒有太大的關係，但是，理想和期望的結果，可能會因為推遲執行行動而發生變化。有關價值和結果這兩方面的討論，可以參考第一章中有關價值觀的內容。

2. 來自改變的壓力及復原力

承擔晉升後帶來的額外責任，或者開始帶領下屬，或者成為某項大型商業計劃的負責人，或者需要實施可持續發展的目標和措施，例如環境友善、社會友善和治理友善的計劃，面對行業以及遵守監管要求，提高披露透明度，這些變化都會帶給我們壓力。改變不僅發生在工作中，我們每天的生活也起伏在工作和家庭角色的變化中，例如晉升為經理，或成為父母，或剛剛結婚，或在建立新的家庭，或與疾病鬥爭，或修復婚姻等，都會帶給我們壓力，這些改變都會使人調整生活上的優先選項。

史蒂芬．約翰遜（Steven Johnson）寫了一本書《誰搬走了我的乳酪》。[73]「乳酪」可能是我們的工作、我們的事業、我們從事的行業、我們的健康、我們的人際關係等等。這個有趣的故事告訴我們「乳酪」起了變化，當發現乳酪改變了，壓力便靜悄悄地跑進來，我們要準備好接待這位貴賓，然後恭送它離去。

蔡元雲在《改變，由我開始》一書中[74]，分享了他的研究成果，認為自我復原能力可以幫助人們適應改變帶來的危機，這種復原力有三個元素，包括：

(1) 效能感：找出問題及解決方法、控制情緒和衝動、懂得尋求幫助、人與人之間的溝通、明白自己內在的感受、訂定目標、自信的能力。

(2) 歸屬感：關係的建立，就是重建工作、社會、家庭、朋友圈以及群體／信仰上的支持系統，建立互信互愛的關係。

(3) 樂觀感：不抱怨，認為凡事都有出路，世界雖然有灰暗的一面，但是人間仍有「信」、「盼望」、「愛」[75]，在困難中仍然看到曙光，相信答案總比問題多。

3. 來自期望的壓力及復原力

父母對子女在學業上有期望，上司對下屬在工作上有要求，下屬期望在事業上有發展，員工希望組織企業能夠增加福利，這些似乎是不爭的事實。一些研究結果發現[76]，在職場上壓力發生在任何一個管理階層中，包括：(1) 指導者，(2) 社交者，(3) 分析者，(4) 轉述者。人在壓力下會出現「防禦行為」，用作自我保護，提供緩解緊張和一種關注個人需求的方法。雖然這「防禦行為」是可以預測的，但是，當增強或轉向更為極端時，其不可理喻的程度，或會影響人際關係以及衍生矛盾，因為這個防禦機制啟動後，往往會增加對方和其他人的壓力程度。

博爾頓（Bolton）[77] 稱之為「防禦風格」，使用了另一表達方式來代表四種行為類型:表現型（社交者）、主導型（指導者）、友善型（轉述者）和分析型（分析者）。當防禦機制啓動后，表現型會轉變為攻擊——更加自信和更情緒化的表現行為。主導型會轉變為獨裁——更加控制並試圖將自己的想法和計劃強加於他人。友善型會轉變為遷就——通過遷就他人來避免與他人發生衝突。而分析型會轉變為逃避——嘗試進一步退縮，避免回應，不讓自己的想法受到其他人的影響。研究結果建議，彈性行為（flex styles）能夠靈活改變，包括感知另一個人偏好的溝通方式，從而在短時間的溝通中，稍為改變，與其他人的行為相約、用較為一致的方式對話，從對方收到的反饋訊息，觀察和控制互動中找出平衡點，做出適宜的回應。在理想的情況下，彈性行為必須建立在尊重、公平和誠實的基礎上。彈性行為的風格，既不是改變一個人的基本行為風格，也不是模仿他人。當兩種風格互補時，最好的、也許是最有成效的人際關係和溝通便會出現，每個人的長處都能彌補到另一個人的短處中。

4. 來自管理和工作流程的壓力及復原力

在不同的營商環境下，領導力[78]可能是增加壓力的根源，但也可以避免壓力的發生。不論個人、團體和組織，當在職場上因各種的原因面臨威脅時，壓力便會出現。此時，領導力能夠發揮重要的作用。

拉羅科（La Rocco）和瓊斯（Jones）的研究結論是[79]，在領導下的支持，能夠鼓勵和推動同事間的互動，有助提高工作滿意度。啟動組織的結構可以減輕壓力的影響，訂立和構建工作的過程及程序、強調目標管理、提高角色的清晰度和減少角色的模糊性，也可減輕壓力。在個人的層面，包括上司和下屬，根據邦克（Bunker）的觀點[80]，在同樣的威脅條件下，樂觀的人感受到的壓力會較少。他們相信這些是個人的際遇，不是因外部的力量影響，他們能夠容忍模糊性和不確定性，並且覺得自己可以提高自己的能力，應對壓力。

總括來說，做好管理的工作，制定有效的工作流程，可以應對職場的壓力，而管理的工作與領導密不可分，一個有效的領導者，在不同的組織背景下，可以塑造一個具有文化和行為的組織，以指導和培養能夠應對變化的員工，以目標任務、人際關係和溝通為導向，前瞻性規劃，角色清晰，相互支持，積累處理衝突、恐慌、災難等經驗。領導者採取即時的行動，快速釐清方向、啟動對應的結構和分工、提供應對壓力的可能性方法。以任務為導向的領導，成功地影響團隊獲取成功。

春日祥和，黃頸鳳鶥在枝頭上遙望。（作者林寶興博士 攝）

分享篇

擁抱喜樂的人生

就我自己而言，壓力是我的朋友。壓力存在於我的生命中，但並不影響我的身體健康、工作質量和同事之間的關係。擔任總裁一職踏入第二十年，在 HKQAA 建立管理體系，建基於目標管理、全員參與、持續改進、以客為中心、建立 GIFTS 的價值觀和文化（參考第一章分享篇）、相互支持和合作、按事情的重要性和發生時的緊急性來考慮其優先次序，對工作堅持和忠誠，建立互信，協調解決衝突與矛盾，對所有同事的家庭有承擔。

以下是一些可供參考的建議：

(1) 在桌面上儘量不留下待審批的文件；

(2) 何謂重要的考慮？何謂緊急的事情？把要做的事情放在行事曆上，避免事情由重要變成緊急的；此外，事情可以分為需要作決定的、需要提出方案的，和需要時間（不論長或短）去執行的。經驗告訴我，只要有一定的把握和足夠的資料，便可以分析不同的可行性方案，比較其優點和缺點，與管理團隊進行溝通和作出最後的決定。使用 80/20 的法則，集中注意力在做對的事情上；

(3) 一方面要相信同事，同時亦要了解他們的工作進度；另一方面要對董事局負責，做好適當的監控、管理、代行、培養人才，下放權力；

(4) 使用聰明的方法去處理問題，向自我挑戰，去除厭倦感，讓工作更有趣；

(5) 接受其他人的批評，不需要理會不公平和不實的批評，凡事包容，凡事忍耐，掌握同事在各種的事情上做得不好的可能性，適當的時候，要幫助同事看到需要改進的地方；

(6) 不需太顧慮別人的看法，重要是自己如何做好自己的事；

(7) 不要比較，不要批評，實事求是便可；

(8) 讓別人感覺他們的重要；

(9) 向別人給予誠實、真誠的欣賞；

(10) 彼此互相支持，使大家能夠在工作上開心，因為開心的工作環境，可以促進人與人的相處；

(11) 了解別人的需要及如何幫助他們實現他們的看法；

(12) 建立友誼；

(13) 先介紹自己，使別人先認識你；

(14) 做出了決定後便會減少焦慮的時間，所以，不要坐在問題上，要做出有效的決定；

(15) 作決定前避免太多選擇的方案；

(16) 避免太多的資料和討論，足夠便可以；

(17) 找出每天最有效的時段做最重要的事情，包括開會的時間，儘量不要放在下班前開會；

(18) 鬆弛眼部，小休兩分鐘。

在運動方面，我在 60 歲前仍然參加行山、十公里及半馬的比賽等較為需要體力的運動；之後仍保持適量的運動，包括羽毛球運動、步行、定時的肌肉伸展和負重運動等。在飲食方面，我認為均衡是最重要的，蔬菜和水果除含豐富的維生素、礦物質及纖維質外，吸收多種類的植化素（phytochemicals）及酵素，對提升身體的免疫力極為重要。我會在公司準備一些蔬果汁，請同事一起享用，與大家分享健康和美食。在嗜好方面，我喜歡音樂詩歌創作，拍攝美麗風光和冬季的候鳥，也有陪伴太太悠閒的自駕遊。

壓力陪伴我們一生，它的優點和缺點，在上面都一一陳述了；所以，我們並不需要過於執著壓力到底是好是壞。重點是：既然如此，何不將其視為朋友，好好相處。

HKQAA
HONG KONG QUALITY ASSURANCE AGENCY
香港品質保證局

用更好的聰明方法去解決問題。

聰明人的心得知識；
智慧人的耳求知識。

（箴言十八章 15 節）

第三章
個人思維與解決問題

我們每天似乎都在忙於解決問題。大清早走進辦公室，下屬或同事便來求救：「我不知道該怎樣回應客戶的難題？該怎麼辦？」或是在業績會議結束後，如何處理主管的要求，並提交新的業務方案？個人思維與解決問題密不可分，個人思維能提升個人和團隊（組織）解決問題的能力。在本章中，我們探討問題的原由，討論問題如何在組織裡產生，以及組織成立的目的與問題之間的關係。我們也會探討各類思維，例如分析思維、可能性思維、批判性思考、特殊的思維、創意思維，透過發揮不同的思維來幫助我們更有效去解決問題。此外，我們還會對如何提升個人及組織解決問題的能力，提供一些建議。

產生問題的原由——目標驅動

在 2015 年 12 月 12 日，為了應對氣候變化，197 個國家在巴黎召開的締約方會議上通過了《巴黎協定》（Paris Agreement），目標是限制全球氣溫升幅在 2°C 以內，同時尋求進一步措施將氣溫升幅限制在 1.5°C 以內。這目標讓締約方各國政府、投資者和持份者紛紛為組織企業訂立了新的營運目標，組織企業的存在，不再單純為了利潤，環境效益（environment）、社會福祉（social）、企業管治（governance）以及這三方面（ESG）的均衡發展等重大課題也成為組織企業存在的意義，其深遠影響已經到了刻不容緩的時刻，除了個人和組織企業的思維模式在改變中，深入思考和積極行動，確立社會責任，應用創新科技，融合和取得各相關方在經濟生態圈的共贏，這一大堆的問題便等著管理團隊去解決。

上面是近年在國際和社會層面的一個熱烘烘例子，可以觀察到問題的存在，可能是因為一些期望結果的誕生。個人「目標」可以看為是期望狀態（結果、事件或過程）的內心表示。[1 2] 組織企業的目標可以被理解為組織企業投資者或持份者的期望的結果；這個期望的結果，便成為推動我們去解決組織和企業所面對種種問題的動力。組織可以多種形式存在，如私人企業、非營利組織、公營機構、政府機構和社會團體等[3]，是為實現共同目標而努力的群體[4]。正式或非正式的團隊、或大或小存在於機構中，並且以不同的部門出現、運作和與其他團隊相互關連著。在各個行業裡，組織的目的是為了給股東、客戶、員工和更廣泛的社會利益相關者創造價值。

組織成立的目的是甚麼？這個戰略和策劃課題，要從以下三方面去理解：(1) 甚麼是組織的業務？ (2) 甚麼是組織的發展方向？ (3) 發展的性質應該是甚麼？[5] 工商業組織需要作出短期、中期及長期的規劃，小心投入資源在今天的產品（服務）開發和設計、市場和技術上，來捍衛昨天的成功；因為昨天的成功，並不代表明天的成功。管理者應將當前市場的趨勢，延伸到未來的同時，防止假設今天的產品、服務、市場和技術會成為組織的明日之星。

組織的使命[6][7]，就是董事局或老闆交給營運團隊的責任，捍衛組織成立的目的。例如私人企業在工商業界中經營獲利、上市公司在合法規管下為投資者帶來回報、非牟利機構擔當社會責任的角色。使命可以由公司的目的、價值觀、目標，以及希望對世界產生的影響等方向實踐出來[8]。又例如上文提及的 ESG 可能成為組織企業使命的重要一部分。要如何達成上述使命是現今管理上，極具挑戰和最困難的任務之一。高層管理人員如何將員工、科技、品質、交付和資源結合在一起，去實現這些共同目標。[9] 組織所具有的動態願景、企業使命、用以增強和溝通組織目標的共同價值觀，在組織文化的影響和策動下，會使組織中所有員工都朝著公司的目標邁進。[10]

組織的長期、中期和短期目標的分別，在於完成時間上的區別，可以包括盈利、收入、滿足社會或市場的需求或解決客戶問題。與社會有關的議題也可以成為組織的目標，例如創造就業機會，並通過提供就業機會刺激經濟增長；通過開發新產品、服務和技術來創新和改善社會，使人們的生活更加美好；為組織的員工提供使命感和意義，並讓他們做出積極的貢獻，通過他們的工作對世界產生影響。不過當個人、組織和社會的目標存在不協調時，管理者需要在不同的思維上探討和解決問題。

建立思維能力

組織由每個員工組成，他們走在一起，連結每個人的能力，目的是為了發揮其有效性，提升組織和企業的表現，達到預期的目標。然而，解決問題的能力，往往是影響組織和企業發展及其表現的核心課題，所以責任便落在管理者的身上。如果不能夠及時和有效地解決問題，組織和企業將會面對挑戰。假若問題發展到不可逆轉的時候，組織和企業可能會面臨嚴峻的考驗，甚至倒閉。

一般人解決問題，往往先確定存在的問題，然後識別和定義問題，提出不同的解決方案，並評估各種方案的有效性，最後選擇最有效的解決方案來進行實施。按照計劃和策略（解決方案）去實現目標，是每個管理人員都希望達成的結果。在不能夠達到期望時，這不達標的原因，很有可能便成為下一個需要解決的問題。因此，如何找到有效的解決方案，如何衡量解決方案的有效性，如何有效地執行解決方案，如何分析成敗等便成為老闆、最高負責人、管理者、經理、主管及員工每天的工作。在前兩章，我們介紹了自我認知與復原力影響著人的行為和工作表現；接下來，我們會探討不同的思維與解決問題之間的關係。

分析思維

「分析思維」（analytical thinking）[11] 是先要知道問題是甚麼、問題在哪裡。[12] 問題存在在組織中的不同領域，要具體地識別出需要解決的問題，並盡可能清晰地表達定義問題的內容。一旦明確問題所在，就可以開始收集資訊、分析和研究數據、確定與問題相關的因素 [13] [14] 和探究可行性方案。有時候，要清晰問題的核心，在獲得資訊和分析後，可能需要不斷重新定義問題、明確問題涉及的部門等。然後，通過行動和措施去解決問題。最後是檢視過程，問題是否已經解決，有沒有根除了核心的問題，有沒有再發生的可能性等，按照我的經驗，可以稱這階段為「再次檢視」（second look），如圖表 5 如示。

「分析思維」能夠讓人深入觀察、研究和解釋一個課題或問題，把複雜的情境、困難或想法疏理後，找出解決問題的建議方案。分析通常涉及反覆驗證過程，最終得出合理的結論。具備較強分析思維能力的人，可以較快分析問題，但懂得分析並不意味著擁有解決問題的全部能力。[15] 例如，社會科學家、語言學家和歷史學家的思維都具有極強的分析能力，然而，解決問題除了分析能力外，還需要充分的知識、才能、韌力和資源等，才能夠實現其目標。律師、醫生和工程師等專業人士面對的問題，更需要擁有超出一般的技能和知識才能解決。

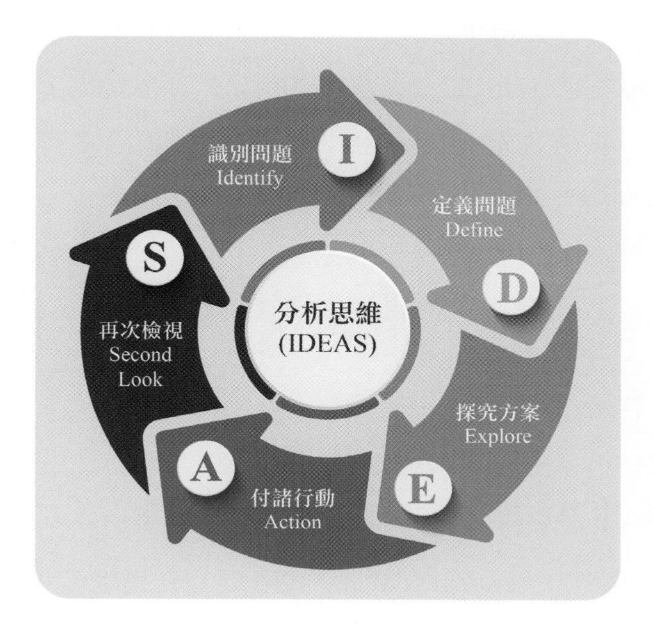

圖表 5：分析思維（IDEAS）11

可能性思維

蕭律柏（Robert H. Schuller）牧師提出，沒有「可能性思維」（possibility thinking）的人，往往不理會一些可能性的建議，他們對意見和方案傾向說「不」，也不願意聽取這些想法。[16] 蕭律柏認為可以把消極變成積極，無論日子多麼艱難，遇到甚麼問題，我們都有潛力實現最好的生活，建立正面的自我形象。在他的講道內容中，提及可能性思維的力量，在「有史以來最偉大的可能性思想家」——耶穌基督，把不可能變成可能。伯納德（Burnard P.）和克拉夫（Craft A.）[17] 等學者在研究中指出「可能性思維」（possibility thinking）的核心領域，從「過程及結果」的層面提出包括 (1) 富有想像力；(2) 創新；(3) 冒險精神。研究亦發現，使用「提出問題」來產生不同的想法（ideas generation），其中以提出「假設」（what if）來產生想法的動力，是「可能性思維」的核心特徵。[18]

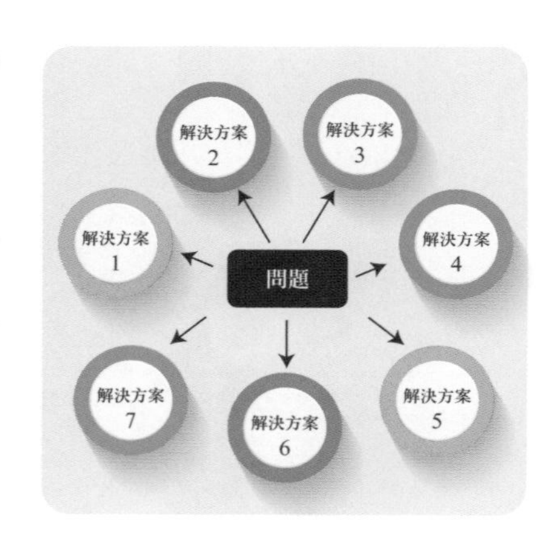

批判性思考

「批判性思考」（critical thinking）是一種思維過程，可以產生、處理資訊和信念的技能。從觀察、經驗或交流中收集、處理、分析資訊，然後作出反思、推理，並成為習慣地使用這些技能來思考和影響行為，以致強化和提高思考的能力。[19 20]

特殊的思維

約翰．麥克斯韋（John Maxwell）對成功人士進行了四十多年的研究[21]，區分成功者和不成功者的一個主要因素，是他們的思維方式。他認為成功者擁有十一項「特殊的思維」（specific thinking），是可以幫助面對和解決問題，包括了：

(1) 創意思維（creative thinking）：探索想法和選擇以實現創造性突破；

(2) 實際的思維（realistic thinking）：以事實為基礎，建立堅實的基礎；

(3) 戰略思維（strategic thinking）[22]：為今天和明天提供實施方向的戰略計劃；

(4) 可能性思維（possibility thinking）[23]：釋放可能性思維的熱情，對於看似不可能的問題尋找解決方案；

(5) 反思性思維（reflective thinking）：回顧過去以獲得真正的視角，並以理解的方式思考；

(6) 無私思維（unselfish thinking）：考慮他人的意見，以最大程度的協作進行思考；

(7) 底線思維（bottom-line thinking）：專注於底線、獲得最大的回報，並從中發揮全部潛力；

(8) 大局思維（big-picture thinking）：超越自我和世界的思考，以整體視角去處理問題；

(9) 集中思考（focused thinking）：消除干擾，專注於真正問題的所在；

(10) 大眾思維疑問（question popular thinking）：有意識地質疑普遍思維的局限性；

(11) 共用思維（shared thinking）：不斷探索其他人的看法，超越自我的思維，取得共建解決方案的結果。

特別一提的是在「特殊的思維」中的創意思維（creative thinking），可以有效幫助解決問題。[24][25][26]

創意思維

創意思維有兩個條件。第一是「知識」[27]，第二是知識之外的「想像力」。「知識」是創意的內容，如果沒有了內容，我們就無法培養創造力或任何有助於創造力的技能。一群人坐在一起討論，並不一定有好的創意，重點是要掌握討論創意時的知識。同理，讓一位剛剛進入鋼琴一級的小朋友去創作曲目，未免會有些困難；當掌握足夠的音樂知識，他才有能力去創作樂曲。

從不同的研究結果看來，解決問題所使用的「分析思維」，以致「可能性思維」，「特殊的思維」中的「創意思維」，「批判性思考」等，都是幫助企業切實解決問題的良方妙策。企業所面對的問題，不只在於你是否具有獨特的分析能力，也在於你是否具有其他解決問題的知識和思考能力，在團隊中實現個人及團體目標。

創造力、想像力與解決問題

「創造力」（creativity）是指透過「想像力」（imagination）來創造真實事物的能力。而「想像力」就是在自己的頭腦中創造出一些不存在的事物的能力。所以，「想像力」是在「創造力」之前，也就是說，沒有「想像力」就沒有「創造力」。「創造力」是原創的（original），但是需要有其存在的價值（value）[28]。舉一個例子說明甚麼是「想像力」：我「看見」我的家了，這個「看見」不是真的看見，而只是「看見」回憶和想像中的事物或對象。但是，在眼前看見的真實影像，與這「看見」——腦海中的回憶和想像中的事物或對象，是不一樣的。從本質上，解決問題是一種創造性技能。因此，透過發揮「創造力」和「想像力」，會幫助我們更有效去解決問題，走向成功。

上文提及解決問題時，往往跟創造力拉上關係，如果我們希望使用一個與傳統較為不同的做法去解決問題，可以引入「創造力」的新概念：創造力的意義在「新」（原創）和「實用」（價值）。[29] [30] 在組織企業裡，「創造力」可以是指個人或集體的能力，用想像力從不同的角度去看事情，去創作、製造或使某些事物變得新穎和變得有價值[31]，包括使用批判性思維（critical thinking）去檢討、反思和處理新想法或新的技術。[32]

較多的研究表示，創造力只適用於特定的領域，所以，通用的技能或個人的特質，對創意能力來說，沒有多大的幫助。[33] 創造力是指人們通過思考和研製，創造出人類未曾有過的東西的能力；它能將慣常的元素以不同的組合放在一起，從而改變我們看這世界的目光；但大多數人誤以為，創造力只會發生在有特定行為或擁有某方面的特徵的人的身上。[34]

1665 年 6 月英國面對大瘟疫期間，在劍橋大學內，牛頓和其他人一樣，為了逃離那場瘟疫而避居於林肯郡（Lincolnshire）的伍爾索普（Woolsthorpe）莊園的家中，在那裡度過了一段很長的時間。雖然牛頓不用上課，卻專心思考、提出和發展他的光學、力學、重力、微積分等理論。[35] 莎士比亞因瘟疫被隔離時，寫下了著名的《李爾王》（King Lear）劇目。[36] 他每次在戲劇創作前，必定會做大量的準備工作。[37] 對 DNA 最早的理解始於 20 世紀 50 年代，詹姆斯 · 沃森（James D. Watson）和法蘭西斯 · 克里克（Francis Crick）的化學家團隊在 1950 年代以羅莎林 · 富蘭克林（Rosalind Elsie Franklin）和威爾金斯提供的 X 射線圖片為基礎，發現 DNA 分子的結構，當他們與其他也在研究 DNA 的團隊競爭時，事情變得很艱難。沃森和克裡克在遺傳學研究上能取得突破，是因為通過堅持不懈和不斷糾正其失誤。在 1962 年，他們贏得了諾貝爾生理或醫學獎（The Nobel Prize in Physiology or Medicine 1962）。他們的研究成果也奠定了跨國人類基因組計劃（Human Genome Project）的基礎。詹姆斯．沃森在著作《雙螺旋：個人記述DNA結構的發現》中說道：「當我看到這張照片 [B 形] 的那一刻，我張大了嘴，脈搏開始加速。該圖案比之前獲得的 A 形圖片，簡單得令人難以置信。此外，畫面黑色十字反射的形狀，只能由螺旋結構而產生的。[38]」在 1994 年由布萊恩．賽克斯（Bryan Sykes）主導有關 DNA 的研究中，他成功地從在義大利北部冰川中被冰封了 5000 多年的冰人的遺骸身上，提取了 DNA，通過鑑定，透過母系特定的 DNA 鏈，將現今人類的基因組成，追溯到史前時代七位原始女性——「夏娃的七個女兒」（此書的命名）。布萊恩．賽克斯在前言表示：「……如果沒有許多其他參與的研究人員、科學家先鋒的工作，我研究的一切成果，都不可能實現……我們不一定同意彼此的看法，但如果沒有他們，以及許多像他們一樣的其他人，我們的旅程會更艱難……」[39]

從上述例子可以了解到：創造力需要知識，需要豐富的想像力，需要安靜、思考的空間用作反思和發展對世界來說新鮮的東西。在創作前，亦需要做大量的資料搜集和準備工作。創造力需要堅忍、不斷努力和嘗試。我們要跳出常規（think out of the box），跳出我們的直接或間接經驗，以及在學校花了很多年所學習到的知識，然後去發現創意。我們亦需要離開安舒區，不怕面對冒險，也不怕尊嚴受到威脅，才可以解決十分困難的問題。創造力是需要長期的思考，不能夠僅僅停留在表面，應該思考得更久、更深、更長遠。創造力可能更需要團隊的精神，去建構更偉大的發明。在發明或發現新的事物之前，往往面對很多掣肘、限制或約束。不少人認為這些約束會減少創造力。但是近期的研究發現，約束會帶來正面的效益，更能夠在創意的空間裡，有助於解決問題。不過，過度的限制也會造成反效果，如圖表 6 所示。在創意解決問題時，必須要平衡所施加限制的多寡性。[40]

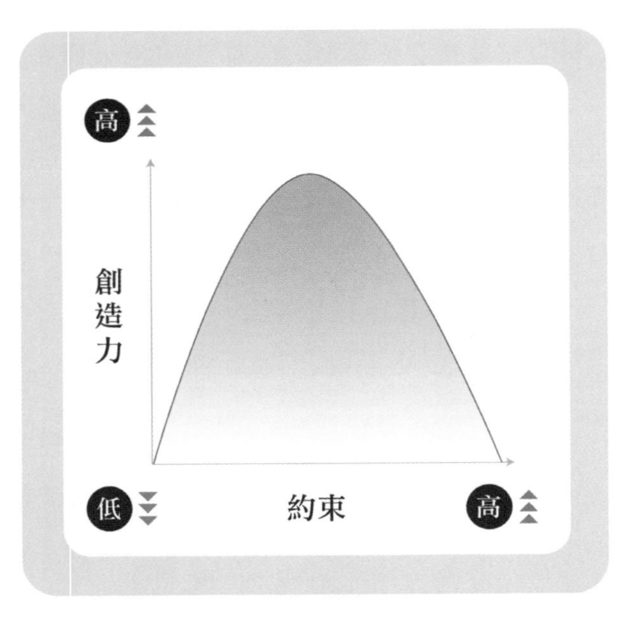

圖表 6：創造力和約束的關係 [40]

有人認為解決問題需要專業知識和資訊處理技能，這是對的。不過研究的結果讓我們注意到，使用創造力去解決問題的同時，還需要擁有其他的特質，例如智慧（wisdom）。[41] 而智慧

（wisdom）是智力（intelligence）與道德（morale）相結合的心智能力（mental capacity）。[42 43] 智慧、智力、創造力這三種能力是互為關係的。所以，要提升創造力，智慧和智力是不可忽視的。

智慧並不是單一的東西，它包含了收集知識，學習創造策略和批判思考的能力，能在各式各樣的行為中被凸顯出來，像是天生的反射動作，或是不同程度上的學習，或是某種程度上的自我意識。智慧並不是十分清晰明瞭的東西，智慧可以是基本的能力，包括收集資訊、記憶和學習的能力。收集資訊是指感官收集的資訊，如視覺、聽覺、嗅覺、觸覺或味覺，幫助我們合適地對世界做出反應。記憶力包括視覺空間記憶、言語記憶和視覺處理能力，可以改善創造力 [44 45]，讓我們能夠儲存或調用資訊，而無需從頭開始去收集相關資訊；學習的能力是一些需要反覆練習直到熟練的行為。這些都與智力有關連。

要嘗試學習和實踐創造力，建議如下：

(1) 避免重複熟悉的路徑，嘗試走不同的路線，觀察周邊的新事物；

(2) 使用不同的方法或用不同的過程去處理事情；

(3) 如果你常常使用英文書寫，可以嘗試用其他語言來表達；

(4) 安排一個除了創作外、甚麼都不做的時間空間給自己，讓創作的事情發生。

(5) 照鏡帶給你更多的「想像」；

(6) 無論大或小，多一些夢想；

(7) 給自己五分鐘的時間畫第一幅畫，畫第二幅畫時，把限定時間縮減一半；當我們在職場遇上困難或執行上的時間需要減少，我們是否讓創造力出現，幫助我們排憂解難；

(8) 學習多一種或兩種語言，對解決問題的方法會具創意性；

(9) 在解決問題過程中，應儘量運用不同的圖表、表達方法、溝通方式、講述內容及思路；

(10) 嘗試使用不同的符號去表達或解決問題；

(11) 給予自己一些放鬆的時間；

(12) 找一個可以安靜思考的地方；

(13) 多與其他人溝通交談；

(14) 尋求其他人對問題的建議；

(15) 持續進修學習、自我學習和廣泛閱讀；

(16) 要遠離和不受其他人負面或不可能的影響；

(17) 進食增強記憶力的食物，如白藜蘆醇、奧米加 -3 脂肪酸，進食含維生素 B 和黃酮類的食物，如藍莓；減少攝取過多的熱量和咖啡因；間歇性禁食；

(18) 充足睡眠。

應用多元思維解決問題

上述的討論、分析和例子展示了要有效地去解決問題，組織企業必需擁有創造力、想像力與有能力的管理人員。此外，要培養及提升員工解決問題的能力，可以從其關鍵因素開始，解決問題的進路，可以簡化為三個主要的部分：(1) 發現問題（problem identification）、(2) 多元思維（divergent thinking）、(3) 檢視／評估（evaluation）[46 47]，多元思維與橫向思維（lateral thinking）非常相似[48 49]，它們同樣可以增加不同想法的數量，以及改善問題解決方案的有效性。[50] 它們的分別是，橫向思維著重其原創性和產生選項的順暢性[51]，在解決問題的過程中自由地創建出獨特的、不同的方案；多元思維是創造力的本質，發生在解決問題和決策前的階段，在這階段中，思維自由地產生和探索出許多、各種不同想法和選項或前進的路線。另外，研究發現多元思維與年齡有關，多元思維的能力隨著年齡的增長而下降[52]，這個發現可以讓組織企業在人力資源的安排上有不同的考慮。

多元思維的目標是在短時間內對某個課題產生許多不同的想法。在思考過程中，可以把某個課題分解，組成各個不同部分，深入了解這個課題的各個方面。其特點是：(1) 隨機的想法，(2) 無結構性、無組織性地產生多個選項，(3) 用聚焦的方法把這些選項和想法組織起來。腦力激盪（brain storming）是一種以創造性、非結構化的多元思維，能夠產生一系列的想法，其目的是在短時間內產生盡可能多的想法，它的關鍵技巧是用一個想法來激發另一個想法。

解決問題的能力會隨著經驗的積累而提高，從緩慢地解決不熟悉的問題，達到能夠較快了解、認識並解決與他們以前曾經解決過或相似的問題。人會記住他們已經解決過的問題，從而提高他們對解決未來類似問題的能力。[53]

解決問題的一些工具

使用一些慣常用作解決問題的工具，可以幫助大家提高解決問題的能力；這些工具在不同的時間都很有效、並且有不同的價值。

(1) 魚骨圖（fish-bone diagram）：用於分析、細化問題的原因。

(2) 甘特圖（gantt chart）：是一種條形圖，用於說明項目進度。

(3) 柏拉圖（pareto chart）：又名排列圖，用來幫助我們找出影響較大的前幾項導致問題出現的原因。

(4) 操作流程圖（operation process chart）：用來描述部門工作的流程。

(5) PDCA 循環是計劃（plan）、執行（do）、檢查（check）、行動（act）的連續循環，提供了一種簡單有效的方法來解決問題和管理改變。

(6) 頭腦風暴（brainstorming）是一種集體解決問題的方法，自發性地提出一些創意的想法和解決方案。

(7) 提出更好的問題（asking a better question）。

(8) 心智圖（mind map）：利用關係詞和圖像去整理資訊，支援現存的記憶來思考問題。

(9) 標竿管理（bench marking）：將自身與標準進行比較，並制定衡量績效的方法。

白胸翡翠展翅騰飛，
倒影與之相映成趣。
（作者林寶興博士 攝）

建立組織的能力

今天，無論在產品設計、製造過程、營銷策略，還是金融市場、融資項目、綠色債券上，環境保護和可持續發展等議題都備受關注。每一個組織企業的生存之道，除了取決於其思維的能力外，也取決於組織的能力，包括：(1) 客戶和持份者對組織的

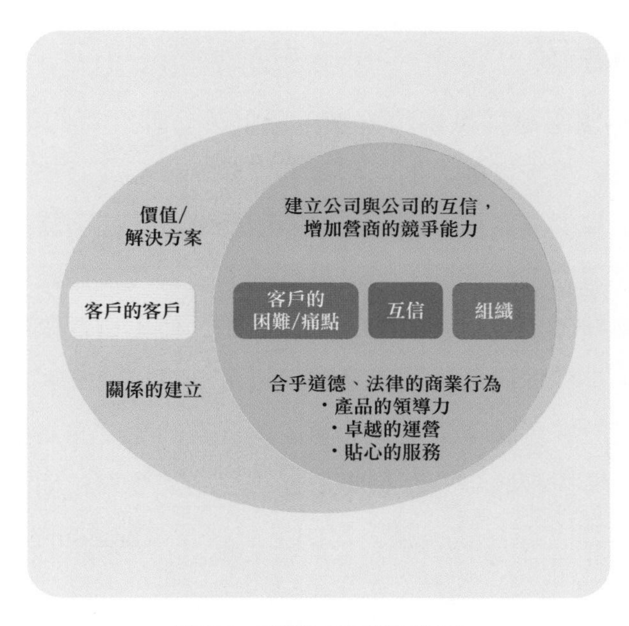

圖表 7：組織能力和持份者關係

信任；(2) 組織滿足客戶和持份者的期望；(3) 客戶和持份者依賴組織的產品、服務和提供的價值；(4) 組織制定、執行策略的能力。圖表 7 表明了組織能力和持份者（包括企業、客戶、客戶的顧客與相關的政策者）的關係。

信任

客戶和持份者對組織的信任（trust），在於組織是否能夠提供有價值的產品和服務予客戶，以及組織是否能夠幫助客戶，令客戶有受助的感覺。此外，持份者對組織的信任是基於誠信。[54] 組織的透明度也會影響持份者的信任。[55]

滿足期望

持份者希望組織提供解決方案；所以，管理客戶的期望（expectations）是組織能力的一個重要部分。產品或服務質量與客戶和持份者的滿意度，取決於實際服務績效（即服務過程和結果）與期望的匹配程度。通過複雜的期望管理，使模糊的期望變得清晰精確，使隱含的期望變得明確，使不切實際的期望變得現實，有助於維持長期質量的保證，更可以提高客戶的滿意度。[56] 對於零售服務業來說，滿足消費者的期望尤為重要，因為他們會考慮接收到的服務質量是否達到其要求和期望（服務內容），是否符合該服務公司的品牌形象（branding），從而作出比較。[57]

價值

產品領導力是指產品開發帶來高市場佔有率的成功過程。產品領導者需要針對市場的需求，制定未來的願景，採取和利用走在市場前端的研究結果或行業知識來開發可能滿足客戶需求的創意產品或服務（相對客戶帶來價值的產品或服務）。考慮產品或服務在當前市場上的定位，能夠滿足其合法性、安全性、風險性的同時，法規要求會是新產品開發中一個重要的驅動。「市場的需求」這個被人常用的詞彙，不能夠給予產品開發者甚麼啟迪和幫助，要做出市場長期的預測是非常困難的。但對於一些產品或服務，可以使用「價值配對」（values matching）的概念，即了解人們如何做出購買的決定，了解未來科技、市場、社會、人們的行為、人們的需要或困難，如何為客戶創造價值等。「價值配對」下找出創意的產品和服務，做出合理的估計。[58] 上述情況跟員工與職位的匹配相類似，用以增強人力資源的動力。[59] 當同事和公司的價值觀一致時，該同事會主動地和更頻繁地參與公司的創新方法。[60] 研究使用「價值配對」的概念，幫助制定政策時加入創新和改善實施的有效性。[61]

策略

許多企業通過對市場的理解，問題的所在，創建出市場上獨一無二的解決方案，從而找到了潛在的市場。同時，企業也需要制定一套策略方案（strategies），去實現企業所訂立的目標——無論是因為賺取盈利而滿足市場的需求、或者讓人們的生活更加美好等。企業在營銷產品或提供服務時，經常需要考慮四個稱為營銷組合的關鍵因素——4Ps：產品（product）、價格（price）、地點（place）和促銷（promotion）。或服務營銷的七個關鍵因素——7Ps：4Ps 加上人員（people）、體驗（physical evidence）和過程（process）。[62] [63] 如果使用系統的方法來制定策略，可以考慮「綜合戰略制定框架」[64]（comprehensive strategy-formulation framework）作為輔助，在人才培訓、策略檢討和反思方面，都會有一定的幫助。如果使用系統的方法來管控質量，可以考慮「品質管理體系」（ISO quality management system）。[65] 如果使用系統的方法來體現可持續發展，可以考慮聯合國制定的「十七個可持續發展目標」。如果使用系統的方法來體現綠色金融產品，則可以考慮相關綠色和可持續金融的框架。

分享篇

思維

應用適切的思維來判斷世界、社會、地區的形勢，以制定業務發展的策略。微觀的業務管理可以有不同的層次，其過程中需要各種不同的業務能力：包括解說者（storyteller）：善於傳達產品規格、服務信息等的業務人員；耕耘者（farmer）：善於建立和維護長期客戶關係的業務人員；機會製造者（rainmaker）：製造機會、擅長發掘新商機、贏得新客戶的業務人員；協作者（collaborator）：擅長多方協作、為客戶排難解紛的業務人員等等，我們要把不同能力的人員分配至合適的崗位上，制定業務方案的思維，達到業務目標。

在推動產品發展和引領市場的過程中，需要考慮在國際、國家、不同地區的具體情形，透徹地了解有關規管的要求、客戶的要求、客戶的客戶的要求是甚麼。香港品質保證局在不同的時間上，因應環境、合規性、以及企業的內外需求，推出不同的產品服務，包括了在2009年推出的HKQAA企業社會責任指數，以及國際首個「葡萄酒儲存管理體系認證」計劃，在2012年推出「安老服務管理認證」計劃，在2013年推出「香港品質保證局社會責任平台——無障礙」，在2014年推出「香港品質保證局香港註冊——食油」計劃，在2015年推出「香港品質保證局香港註冊——人員系列」計劃，在2016年推出「香港品質保證局香港註冊——初創企業」計劃，在2017年推出「香港品質保證局香港註冊——環境友善建築地盤」計劃，在2018年推出「香港品質保證局綠色金融認證」計劃，在2021年推出「香港品質保證局綠色和可持續金融認證」計劃，在2023年啟動「香港品質保證局ESG Connect」計劃。這些新的產品服務是經過業務同事、產品開發和技術團隊共同努力的成果。當中需要解決的問題，包括技術研發、交付過程、市場推廣等。這些都需要創造力、行業規管知識和具有執行能力的團隊一起努力解決。

除了產品開發的問題外，不同區域包括澳門、深圳、上海、廣州和西安等分公司的發展，團隊的建立，企業文化的融和，推動社會責任，環境保護，以及企業管治等重要課題，都是經過管理團體詳盡地分析，提出不同可能性的選項，以至達成共識，予以執行，成為今天香港品質保證局的面貌。近這幾年，我把一些精力和時間，用在培訓人才上。特別將一些解決問題的經驗和知識，轉化為一些內部的課程，培訓員工，讓解決問題的思維成為同事的習慣，提升每個人的工作能力。以上解決問題的對象，是與事情有關連的目標，如果問題得不到解決，而其原因是與人有關，就需要應用隨後的章節內容，去嘗試幫助解決問題。

黑臉琵鷺嘴中叼著剛捕獲的魚。（作者林寶興博士 攝）

人際脈絡是你的社會資源。

你們的言語要常常帶著和氣，
好像用鹽調和，就可知道該怎樣回答各人。

（歌羅西書四章 6 節）

第四章

社交技巧與人際關係

在組織企業中，無論規模大小，很多員工都曾反映與高層領導存在溝通不暢的煩惱，常常遇到領導者延遲甚至不回應的經歷。領導者可能是沒有答案，或有其他原因導致未能及時回應。而員工之間可能會出現各種爭執，引發出情緒不穩，甚至激烈的衝突，導致關係不和，影響工作效率。本章主要探討如何通過社交技巧建立人際關係，在職場上幫助同事加強溝通，建立互信，避免在溝通時表現出防禦性和不確定性，傳播負面情緒，以及應用溝通的原則、社交技巧和使用個人管理面談的技巧來改善人際關係。

運動技能與社交技能

運動技能

新生嬰兒會在初生 18 個月內，發展出一整套運動技能（motor skills）（圖表 8）[1]，這些技能可以幫助他們在環境中移動、與人互動，以及獲得對人和周圍事物的新體驗。這些發展階段與建立人際關係、人與人之間的溝通和獲取語言能力有相關性。一項研究調查了 1.5 歲嬰兒的運動技能，從而預測他們成長至 3 歲時的溝通技能（communication skills）。這項研究的數據來自 62,944 名兒童及其母親，她們分別在孩子 1.5 歲和 3 歲時完成了關於孩子運動和溝通技能的調查問卷。[2] 研究結果顯示：由嬰兒早期（1.5 歲）的運動技能（early motor skills）可預測幼兒後期（3 歲）的溝通技能。[3] 2020 年的另一個研究結果顯示：嬰兒早期 6 個月時的粗大運動技能（gross motor skills）與 24 個月時的溝通技能有正向關係，而嬰兒早期 12 個月時的精細運動技能（fine motor skills）與 24 個月時的溝通技能也有正向關係。上述研究結果表明了嬰兒早期運動技能的發育與後期溝通發展之間存在正向關係。[4] 既然運動技能的發展與溝通技能存著關連，那麼，讓我們先了解何謂運動技能？

運動技能是涉及身體協調的身體運動能力，廣泛地應用在日常生活中，例如走路、吃飯、穿衣服、書寫、駕車、彈琴、各項運動等等。首先，運動技能的定義是以目標為導向、有意識的行為，而不是偶然或無意識的行為[5]，是通過身體各部分的動作，以實現特定的行為目標[6]，這些行為目標跟環境有關，用以滿足個人的需求。其次，運動技能具備學習性質，在目標導向的行動中不斷實踐與改進[7]；愛德華茲（Edwards W.）提出，必須要通過學習和訓練才可以獲得熟練的行為。[8] 第三方面，運動技能不是我們的語言可以表達甚麼，而是基於我們的身體實際能夠做甚麼；也就是說，運動技能是通過實踐和努力去獲

圖表 8：嬰兒的運動技能 [11]

得和實現的行為表現。[9]第四方面，運動技能涉及內在過程，是由較小的行為疊加組成的，每個小行為都對整體行為作出部分貢獻。

克羅斯曼（Crossman）發現自動化工廠的操作員在工作中的一個關鍵特徵，是使用社交技能（social skills）與同事進行溝通。隨後他與牛津大學的社會心理學家邁克爾·阿蓋爾（Michael Argyle）一起進行了一項社交技能的研究，目的是調查人與機械、以及人與人互動之間的相似性。這次研究首次發現了運動技能和社交技能之間存在相似之處。[10]

社交技能

從廣義上來說，社交技能是人與人之間（interpersonal level）進行溝通時使用的技能，用以建立和維持關係。[12]不同的研究對狹義的社交技能作出不同的理解和定義，菲利普斯（Phillips）認為個人的社交技能取決於人與人互動的程度，在平等權利下，滿足自己和他人的需求。換言之，社交技能是嘗試解決自己和他人在需求上的不平衡，不過，前提是要保護雙方的平等權益。[13]貝克爾（Becker）等學者認為個人必須有能力識別對話者的情緒和意圖，並對對話的時機和性質做出適當的判斷，才能順暢地進行溝通。[14]凱莉（Kelly）等學者認為溝通技巧，是指用適合社會的方式來達成溝通目標的能力。[15]斯彭斯（Spence）將社交技能定義為互動者確保社交過程中獲得期望結果的行為要素，同時涵蓋了社交互動的目標或結果。[16]里吉奧（Riggio）基於社交技能「發送信息」和「接收信息」的表現，提出社交技能的七個維度[17]，包括：

(1) 情緒表達力（emotional expressivity）：是指非語言表達的一般技能，反映出個人自發、準確地表達情感狀態的能力，以及非語言表達態度；

(2) 社交表達力（social expressivity）：是指一般的口頭表達能力和與他人互動的能力；

(3) 情緒敏感性（emotional sensitivity）：是指接收和解讀他人非語言交流的一般技能，其敏感於他人的非語言情感暗示；

(4) 社會敏感性（social sensitivity）：理解言語交流的能力以及管理社會行為規範的知識；

(5) 情緒控制（emotional control）：控制和調節情緒及非語言表現的一般能力；

(6) 社會控制（social control）：是指社會化自我呈現的一般技能；

(7) 社交操縱（social manipulation）：是一種社交能力，更是一種普遍的態度或取向。這個研究建議我們可以按照這社交技能的維度來進行學習，發展和增強基本社交和溝通能力，藉此提高社交表現。

歐文·哈吉（Owen Hargie）綜合了這些理念，將社交技能定義為「涉及個人實施一系列目標導向的（goal-directed）、相互關聯的（inter-related）、適合情境的社會行為（situationally appropriate）之過程（process）」，這些行為是可以學習（learning）和控制（control）的。[18] 這些不同研究的結果，提供了社交技能的定義、維度和理解，有助於我們建立、保持及改善人際關係，踏上不一樣的職場成功之路，邁向積極喜樂的人生。

黃腳銀鷗展翅翱翔。（作者林寶興博士 攝）

人際關係與溝通障礙

人際關係

「歸屬的需要」（a need to belong），是人類的基本動機，推動著人與人之間的互動，在人類的行為中不難找到其普遍性。這行為對人際關係的形成、建立、及維持最低限度起到積極的作用。[19] 約翰・多恩（John Donne）的名言「沒有人是一座孤島」被廣泛引用[20]，表明人類對歸屬感的追求；馬斯洛（A. H. Maslow）將「愛和歸屬感的需求」放在食物、飢餓、安全等基本需求之上，也就是說，基本需求得到滿足後，「歸屬感的需求」便會出現。[21] 在這普遍的現象中，人類期望可以獲得使人愉快的互動、保持穩定和持久的關係。研究發現，常常與不同或不斷變化的夥伴建立和維持互動，比較與同一個人的重複互動，前者的效果更令人滿意。這個現象，與嬰兒在可以計算利益或說話之前，就已經形成了對母親或者照顧者的依附需求（attachment need）[22] 十分相似。成長過程中，人們仍然會付出努力去建立和獲取個人對社交依附（social attachments）的需求，以及期望所擁有的親密接觸。[23] [24] [25] 接觸（contact）和接近（proximity）是社交依附的重要因素，而且只需要很短的時間[26]便可以建立。此外，居住地相近的因素，也能夠快速有效地把人與人連結在一起。[27]人們一起共度時光會對參與的任何人形成好感，即使這些人是以前不喜歡的或不屬於同一個群體，隨著接觸的增加，群體間的偏見會減少，這表明互相接近，可能會克服不想與其他人建立聯繫的傾向。[28]一個較明顯的例子，就是在工作間吃午飯的時候，同事往往會一起進餐，不知不覺間便會拉近彼此的距離。

心理健康的指標，可以包括生活滿意度、環境掌控、自我效能、幸福和生活質素等[29]，研究發現這些健康指標的高低，與是否懂得與他人建立和維繫正向關係、人與人之間的溝通、調節社交技能有關。人際關係和社交技能十分重要，假若人際關係出現問題，可能會導致各種不良的影響，包括心理健康的問題。所以，我們需要了解建立人際關係時會有甚麼的障礙？我們如何可以積極地改善及建立人際關係？良好的人際關係可以改善我們的身心靈健康，對工作和生活都有益處。下面是一些研究的結果、經驗和方法，供大家作參考之用。

人際關係中的溝通障礙

在建立人際關係的過程中溝通是十分重要的。但是，人往往在溝通時會碰上很多的問題。我們在此探討一下溝通時存在的一些障礙。

1. 溝通的心理屏障

溝通的心理屏障（psychological barriers）是指由溝通的發送和接收者的心理狀態所造成的溝通障礙。[30][31] 例如：

(1) 在談話過程中，可能因為專注於某些原因或生活中正在發生的事情，而忽略了當時說話的內容[32]；

(2) 害羞的人比不害羞的人，更專注於在社交溝通過程中的自我焦慮和其他害羞症狀，造成心理上溝通的障礙[33]；

(3) 一些單詞、短語或評論引起情緒化，導致情緒起伏，從而阻礙溝通。[34] 要恢復到理性或繼續傾聽，會很不容易；此外，同一個詞對於不同的人來說，可能有不同的含義，這會導致溝通障礙；

(4) 假如消息被扭曲，在交談中會感到生氣甚至感到憤怒；當空氣中充滿敵意時，溝通便出現困難。一項研究的結果表明，表達失望比憤怒更能促進合作，得到更正面的評價，並被認為是寬容的而不是報復性的。因此，表達失望似乎有利於建立互惠互利的關係。[35]

(5) 言語正常，對話正常，書面語言的理解也沒有問題，但是，記憶障礙會對人的溝通產生影響。假設他們沒有其他溝通障礙，也會受到記憶力的問題而影響他們的溝通能力。其中一種記憶力是工作記憶，能夠將資訊「保存」在記憶中，這些記憶「保存」的時間長度，足夠發揮溝通的作用和轉移到長期記憶儲存。[36] 例如不會忘記或「記錯」所傳達的全部或部分訊息、或不需要對方經常重複相同的訊息，或者能夠回憶起冗長的電話號碼來撥打它，或保留剛剛在對話中所說內容的資訊以便理解和參與其中。

(6) 發送者沒有清楚表達自己的意思，傾聽者可能感到困惑或無法完全理解對方所表達的信息，導致雙方的溝通無法順利進行，所以，表達清晰是有效溝通的技巧之一。在溝通中表達的信息，大致可分為四類 [37]：(i) 觀察——客觀的事物描述，(ii) 價值觀念——道德上的對與錯，(iii) 個人的感受，(iv) 個人的需要。不完全的或傾斜的內容（例如只表達了情緒），會使對方不解或誤解，甚或產生情緒或怒氣。憤怒會導致對方在言語上的批評、侮辱或者攻擊。[38] 沒有發展好語言的技巧，可能會影響人際關係和事業上的發展。[39]

(7) 有時，過去的經歷可能會讓人忽視，甚或關閉了溝通的過程；例如，經驗告訴我們某些會議幾乎總是浪費時間，令大家對會議不抱甚麼期望，於是在會議中的專注力就會下降，從而對該會議表現出忽視的態度；

(8) 只獲取了某人的某些片段而不是完整的信息，便按照這些資料判斷其整體的性格，這種行為很容易會導致標籤化或所謂的刻板印象；當與已經被標籤化的人交流時，就可能會遇上溝通障礙；

(9) 對某些產品或服務的價格、品牌，已經形成某種先入為主的看法，會讓溝通過程變得複雜；縱使雙方的想法都可能是合理的，但是，各自會傾向挑選某人的支持，或者選擇某些言語和行為，強化各自的看法。[40] 溝通的關鍵在於能否達成共同的理解，並通過共同的語言來討論探索多種可能性，這包括先入為主的觀念。通過溝通，我們也可以去認識和理解一些相反的信念和看法，從而消除一些先入為主的障礙。

(10) 不信任的情緒會導致溝通的障礙，因為不信任會誘發猜疑，一起工作就會變得困難。這不僅阻礙了大家提出想法的主動性，而且可能會阻礙團隊實現目標。當面對不信任的情況，其中一種方法是自我表達，可以減少彼此之間的猜疑，增加信任度。[41][42]

2. 溝通物理屏障

溝通物理屏障（physical barriers）是指由工作場所、設備和工具帶來的溝通障礙。[43] 這些溝通障礙包括：(1) 辦公桌、辦公室的隔板和獨立的辦公室等，這些設施提供了工作空間和區域予不同的員工、管理團隊和領導者方便工作，但也成為「團隊區域」的迴避處，帶來溝通的障礙。居家辦公無法提供面對面溝通，從而催生了大量在線協作工具，這些溝通工具在一定程度上，可以幫助員工感受到緊密的聯繫，但同時也可能會成為溝通障礙，直接影響生產力、創造力和團隊精神。(2) 受惠於日新月異的科技發展，人們常常會依賴電子設備，或者電子技術的應用程式等進行溝通，例如電子郵件、WhatsApp、微信、Signal 等電子通訊工具。這些工具給人們帶來了很多方便，但同時也減少了人與人之間面對面的交流和溝通。[44] 面對面的身體語言、分享活動、一起吃喝、觸摸以及互動，都可以促進社會的連結。不過要補充的是，面對面的溝通也可能具有破壞性，並且需要付出昂貴的時間代價。前者通過各種「媒體」進行的溝通，為我們提供了經濟有效的解決方案。平衡這兩方面的需求，既能減少溝通的屏障，又能有效利用時間和資源。

3. 語言、文化和資訊屏障

團隊文化溝通屏障是當員工被接受為某個群體的一員時，在不了解群體所表達的行為模式而引發的溝通障礙，例如語言、資訊和一些共同的理念等。文化——誠信、喜樂、勤奮、解決問題的態度、幽默等，是由員工的行為表現出來，假如新的員工不太了解這新加入的群體行為模式時，就會出現文化溝通障礙。[45] 在組織企業的群體中需要管控上述風險，避免引發負面情緒，減少誤解，否則會影響個人、團隊精神和表現。

建立人際關係的社交技能

在建立人際關係的過程中，社交技能顯得尤為重要。通過學習並運用各種社交技能，我們可以更好地與他人互動，增進彼此之間的了解和信任。以下是一些關於社交技能的介紹：

誠實

「誠實」在人際關係中扮演重要的角色。同事共事時，互相信任十分重要，而誠實是信任的基礎，所以，儘管不是所有職場中的同事最後都能夠成為朋友，但如果同事之間能夠成為朋友，對個人獲得正面情緒，或工作的順暢程度而言，都是有利的。「誠實」影響積極的人際關係，能使人的生理和心理狀態更健康，也能夠幫助人們在工作中表現得更好，同時可以幫助人們集中精力處理好手上的工作。[46]

親和

「親和」是指每個人願意與他人親近的心理需求。恐懼感高的人對親和的需求也較高，因為與人親近會減少焦慮和恐懼[47][48]，人際關係中對親和需求（affiliation need）佔相當重要的一部分[49]，親和需求讓每個人與其他人建立積極的人際關係，能夠獲得成就感與歸屬感。[50]

共同目標

發展積極人際關係的另一個因素是協商「共同目標」。在大家相信共同目標的實現是可能的情況下，每個人便會按照共同目標行事，和承擔實現相關目標的責任[51]，為朝向共同目標而努力。人際關係出現問題的原因，大部分是由於人際需求或目標的抵觸而造成，在同事或下屬尋求協助去解決問題，但是碰上較少同理心或不太理會其他人的需要的同事或上司時，雙方之間的溝通也就隨著大家的目標不一致而出現障礙和問題。

控制

人際關係中的另一種因素是控制。有些人傾向願意或喜歡肩負責任，而且自己覺得必須有這份堅持去承擔責任，這種人有領袖的特質，在行為上有「獨裁者」的稱號[52][53]（可以參考第二章內容）。另一個極端，就是一些人會表現出完全缺乏控制或刻意迴避責任。舉一個例子，刻意迴避責任的人的說話內容，往往聽完講話後，內容是重複一些事件發生的描述，卻沒有作出判斷，模稜兩可，令同事或下屬無所適從。

人際適應性

在人際互動中，大多數的人以人為本，會表現出熱情和友善，這樣的社交技能適用於一般的傳統社會，特別在談判的過程中。[54] 在這些特定的社交場合中，可以考慮運用「人際適應性」（interpersonal adaptability）的社交能力，來滿足這些特定場合的情況。[55]「人際適應性」是個人的社交技能，在某一處境下表現出來的適當行為，在另一種情況下就可能不恰當。例如，在培訓某位銷售人員去拜訪重要的客戶，該銷售人員在內部演練時，其「人際適應」能力未能達到標準，也就是這銷售人員未能透過適應性，去幫助客戶對其企業模糊的需求，加以引導、剖析、探求，使其變得更明確。那麼從拜訪這重要客戶的後果考慮，業務的主管只能更換這位在培訓的銷售人員，安排另一位有「人際適應」能力的銷售人員接見這重要客戶。因為，拜訪客戶的處境是一種特定的情景，而「人際適應」的能力是必需的。[56]

社交技能互相關聯的過程

社交技能往往是一環扣緊一環，互相關連（inter-related）地一起使用，不能夠只運用上述單一種的社交能力。而且，一起運用各種社交能力，要給予人熟練流暢的感覺，而不是生疏地執行指令。互相關連的社交技能，會給予我們有效地達到溝通上的目標，展現一個完整的人際交往過程，並可以建立和提升人際關係的表現。在社交互動中，行為就是這些社交技能的輸出，其表現就好像管弦樂隊中的樂器（行為）。優秀的社交技能，就好像管弦樂隊在演奏時，所有的樂器（行為）都必需同步。[57] 熟練的社交技能可以讓我們更容易了解彼此的動機和目標，控制、協調和適應互動的過程，從而互相認識對方，推斷大家的性格和特點，例如熱情、開朗、害羞、勇敢或幽默等，幫助大家建立健康的人際關係，亦是如此。

改善社交的溝通能力

面對困難，在處理問題時所要傳遞的資訊，由於不同的人有不同的生活閱歷、經驗與際遇，因此在傳譯過程中會產生不同的演繹和理解，從而導致與原始資訊的差異，如圖表 9 所示[58,59]。在職場上，下屬與上司對同一資訊的理解，也可能會存在

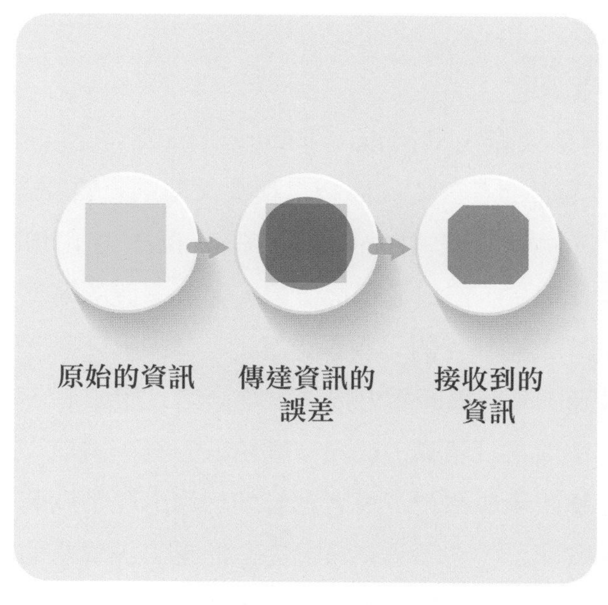

圖表 9：訊息的傳遞過程[58,59]

差異。例如：下屬與上司討論對加薪幅度時的看法，又或者對下屬績效表現的看法，往往存在一定的差距。人與人之間的差異性，在溝通或表達資訊的過程中，應盡可能準確、清晰和完整地保持原始資訊，避免傳遞不準確的資訊而導致誤會，甚至產生矛盾。所以，在溝通時大家應該一起努力，剖析問題，以事實為依據，讓對方看到原始的數據和資料，弄清事實和問題的所在；把關注的焦點放在如何解決問題，而不是放在人身上（性格或者個性等問題上）。

以下是一些改善我們日常言行舉止的方法，幫助我們藉著溝通來提升人際表現。

坦白溝通

二十世紀是大眾文化（mass culture）和個人化（individualisation）主導的世紀[60 61]，影響人與人之間的真實交流。漢斯-格奧爾格．伽達默爾（Hans-Georg Gadamer）提出坦白在溝通中的重要作用[62]，可以成功地發展人與人之間的關係，和進入真正的交流。某人 A 的一些言行舉止令某人 B 不快，B 可以與 A 坦白溝通，不要隱瞞對方或者唯唯諾諾。假如 B 不表達自己的真實想法而嘗試隱瞞，如果這種情況一直下去而不解決，最終可能會導致矛盾激化，後者應該如何應對呢？我們可以嘗試從理解對方開始，在不認為自己完全缺乏真誠對話的能力時，讓對話留下一扇「小門」，讓溝通、傾聽並透過其他人的經驗豐富自己。此外，我們可以透過向對方自我表露，要留意的是在表露的尺度上需要平衡和把握好，目的是為了讓聆聽者感受到內心的坦白，邁向互信的開端[63]，讓伽達默爾所說的「秘密對話」（confidential conversation）成為可能，提供了合適的環境和空間，釋放了情緒上的壓力。在家庭中如是，在工作上也是一樣，上司與下屬之間，偶爾是需要交心的，當下屬在言語上的表達似乎與其內心的想法不一致時，上司則需要發揮個人的智慧去嘗試弄清原委，這很可能是由於一些原因導致下屬怕明示一些在工作中存在的困難，管理者及時洞悉下屬在工作、生活中可能遇到的問題，尤其是一些工作上、家庭中或朋友之間的各種可能的難言之隱，並且從不同的角度去了解情況，適當地向下屬提供支援。若能做到上司與下屬之間將心比心，將是一種很理想的職場人際關係狀態。

同理心

「共情溝通」（empathetic communication）可以通過言語和身體語言的溝通表現出來，可以被理解為同理心在溝通上的行為，比如某下屬的家庭很不幸地發生一些變故，影響工作表現，儘管該下屬表面上並無過多悲傷的表現，但在這種情況下，上司或者同事可能會表達關心，或會詢問其是否需要幫助等，這種上司或同事表達同情、憐憫的狀態，屬於自我表露的其中一種形式，令雙方更容易獲得共同的話題，對減少雙方的溝通隔膜有促進的作用。[64]

尋找共同點

共同點是心理語言學家克拉克（Clark H. H）和布倫南（Brennan S. E.）提出的概念。[65] 它強調有效的溝通，是要依賴大家共同的知識、信念和假設。在溝通過程中，建立共同點是關鍵的過程。嘗試在溝通上了解大家的需求，尋求共同點，從而達成共同目標。共同點越多，越能減少大家的分歧。在尋找共同點時不可以太心急，這個過程需要一些時間和空間。共同點會在甚麼地方出現呢？我們可以嘗試把事件複述一遍，把事實的資料展現出來，修正討論的內容，從而一步一步邁向共同目標，展示出大家的共同點，達成共識。

表達一致性

「表裡一致」的溝通，包括了視覺傳遞、聲音傳遞、語言傳遞、表情、音量等外在的社交行為，與內心真實想要表達的想法達成一致。[66] 當我們表達時，這些表達的協調一致，可以幫助大家增進「表裡一致」的坦白溝通。例如，在工作中，上司安排工作給下屬，有時會察覺到下屬的不情願；或者下屬遇到困難，需要上司提供援助時，會感覺到上司可能不太樂意的回應。口不對心，是典型的不一致；儘管口不對心有時候並非故意的，但是在工作場所中，口不對心很容易被人察覺到。在家庭的親子關係中，如果一位母親要求孩子做家務，孩子很樂意去做的表情及言行，與其不樂意去做時的表現是不同的。所以，在非必要的情況下，儘量不要作出口不對心的言行舉止，因為這種溝通方式，可能會造成雙方對彼此的不信任。

以事實為依歸

以事實為依歸，把事件發生的經過，客觀、準確、完整地描述或複述出來。這樣的表達可以避免人與人之間因為言過其實而引發矛盾。工作中，當我們需要提供一些資訊給予客戶時，無論是有關人的訊息還是關於工作業務的訊息，都不要言過其實。同事之間的溝通，要儘量使用客觀的語言。在表達對方的不足時，要儘量具體明確地講述事實、提供資料和數據，包括詳細的事件內容、時間、問題的大小、或問題出現的次數等，避免含糊。一些太「絕對」的詞彙，要小心使用，例如：「你總是遲到」、「你做事十分不專業」、「十分差勁」。總是（always）、從不（never）、全部（all）、每次（every）、毫無（none）等詞彙，會讓對方認為是刻意把問題誇大。尤其是需要對同事或下屬就某些問題作解釋時，要更加注意。因為每個人對上述詞語的理解程度都不一樣，所以，應當儘量用貼近事實的言語，而非絕對性的言詞去表達，最好是用含有具體內容的描述，替代籠統的說法，這樣才能使聆聽者更容易接受。

隨時準備好自我介紹

在不同的場合、面對不同的客戶時，要隨時準備好自我介紹。[67][68]除了基本的介紹，如姓名、職位、聯絡方式等之外，更重要的是在互動過程中，快速地了解客戶的困難。或許當時未能立刻提出解決問題的方案，但是，能夠把一些在國際市場上的趨勢，或有關客戶困難所需的一些潛在服務或產品，作出分析和介紹，令客戶了解，從交談中可以得到哪些幫助，探討一些可能性的解決方案。準備好的意思，是通過純熟的社交技巧，不斷努力，提升自我溝通的能力，從而建立更有效的人際關係。

貼切地表達含義

人與人之間的溝通，尤其是言語上的溝通，有時會引發誤解、沮喪，又或者會帶來很多的笑聲。在日常生活中，我們經常聽到或會對別人說「我不是這個意思！」為甚麼會出現這種情況？因為我們在成長過程中，所學習和理解的單詞含義，會存在於我們的頭腦中。由於每一個人的成長環境都有差異，因此，同一個單詞對不同的人來說可能有不同的意義。凡屬於概念（concept）一類的詞彙，不容易被人理解，或者不同的人可能對同一個詞彙有不同的理解。因此，最好是使用易於明白、能夠看見或觀察到的行為描述。例如：「我常常幫助同事……」可能會比「我喜歡幫助同事……」更容易被掌握，因為表達次數的詞彙「常常」比「喜歡」更容易被理解。「今天下午我一定會幫助同事……」可能會比「我會盡力去幫助同事……」更清晰地表達「幫助」的力度及其承諾。

貼切地表達是為了避免聆聽後可能會曲解說話原本的意思，應當儘量使用可以被看得見的行為、容易被理解的詞彙，有效使用言語，可以提高我們的溝通能力。

澄清和確認對方表達的內容

聆聽者詢問或者再次確認對方表達的內容是否與自己理解的內容一致，包括對方的意見、重點的陳述等。溝通過程中，要表現對對方的尊重、營造溝通空間，增長彼此合作的空間。澄清問題是讓具體細節浮現出來，以便可以提出良好的探究性問題，並能夠提供有用的反饋意見。例如：「我聽到你是這樣……說的嗎？」；「當你說……時，我的理解是這樣，對嗎？」；「我是否正確地複述了您所表達的意思？」

表達對行動的負責任

孩子們應有的兩個核心價值：誠實和公平，這兩個核心價值的基礎是「負責任」，而且責任是孩子成長道德世界中重要的組成部分。[69] 所以，我們在職場上溝通時，要對自己的講話內容負責任，這樣做既可以幫助自己在人際關係上建立可信的程度，也可以讓每一位聆聽者清楚地了解到，每個行動建議的負責人是誰。在溝通中，我們應該使用第一人稱的表述來明確表達我們的責任，例如：「我認為……」、「我的意思……」。

信任、聆聽和回應

信任能夠正面地影響溝通和改善人際關係。[70]能夠聆聽同事在工作中存在的困難或問題，肯定對方的感受，對個人或團體會起到正面和積極的作用，可以讓對方感受到你的支持和鼓勵。當同事接受一些新的工作任務時，可能會擔心做錯事情，或者在新任務中碰壁氣餒。我們應當先安撫同事，對所聽到的內容持開放態度，對事件保持中立。通過行動或肯定的言語鼓勵同事，讓對方感受到大家一起共同進退。相反地，倘若當同事講出煩惱時，得到的是嘲笑、諷刺、或被否定，容易引致溝通的困難，甚至可能會令同事因此而拒絕再進一步溝通，不想再表達其感受。同事能夠向上司或同事表達個人的感受、問題、需要、或情緒是一件好事，這在某程度上說明了同事之間或與上司之間有一定的信任度。有時候，無聲勝有聲，不一定要用到安慰或安撫的話語去表達理解和支持。話太多反而會畫蛇添足，能夠陪伴同事的左右或者已經足夠了。引起共鳴，讓對方能夠感受到被理解和接受，將所聽到的資訊反射給溝通者，並獲得相互的信任，對團隊建立關係和解決問題，將起到積極的作用。

聆聽和肯定是為了降低對方的防範心態，使對方感受到他的處境和問題被人所理解，從而建立互信。假若溝通的目的是為了解決問題，我們只是聆聽是不足夠的，因為對方講述的內容，可能並不全面，需要了解更多細節，澄清事件，向對方作出適當的探究。

當對方感到被理解後，我們也需要對方認清事實，複述事情的內容，並得到對方確認內容。在複述內容的過程當中，反思、澄清及探究問題，這個過程並非批判性的，大家要一起努力和嘗試總結，直至把事情弄得一清二楚，例如詢問對方「您認為會出現甚麼的情況？」；「如果……您認為會發生甚麼？」；「當時，您是如何做這個決定？」；「您是如何得出結論？」；「以前有過這樣的情況嗎？還是第一次？」

當聆聽完同事的分享或下屬報告之後，往往會回應同事或給予下屬一些回覆和反饋。在這個過程中，掌握和理解資料的內容十分重要，因為諸如資料、事情發生的時間、涉及的人物等都是提供邏輯思維的重要輸入。另外，推理後引伸的結論和建議，是需要時間的，一次的溝通不一定可以解決問題。最後，使用合宜的建議去幫助解決問題，去達成共同目標，成為同事、下屬的有力支持。

需要時，轉移話題可以將談話內容不知不覺地引導到另一個話題上。目的是試圖把溝通的焦點對正問題，引導或幫助對方正確地理解問題的關鍵點，校正解決問題的重點所在，不要讓對方把太多的時間和精力浪費在問題本身，而是要轉移到解決方案上。當溝通的內容被轉移時，要留意對方是否察覺到，並避免對方誤會我們沒有聆聽或對信息不感興趣。此外，我們應該小心避免使用太多自己的經歷作為鼓勵和分享，例如：「你並不是唯一面對這問題的，因為這事件也曾經發生在我身上，我和你的感覺是一樣的！」說太多自己的經歷，會讓對方覺得又不是你本人，而且，久而久之，這樣的溝通除了變為安慰外，並不能夠解決實際問題。轉移話題在朋友共進午餐時，或者閑談時，都不會造成太大的問題。但是，如果轉移話題發生在上司下屬之間的溝通中，上司從談話開始就高談濶論有關自己的經驗或想法，這會嚴重影響團隊的建立。上司成為所謂的專家中的專家，但是內心從不關心如何幫忙下屬解決問題，長此下去，員工可能不會願意再與之用心交談。

上司與下屬溝通及討論時，下屬除了可能會主導談話內容，還會產生依賴心態，減少解決問題的主動性。所以，適當的鼓勵，幫助對方或下屬建立自信，朝向成長之路。

分享篇

在工作上不同場合的溝通

在開會前我會作適當的準備，包括開會的目的，期望達到的結果，準備開會的資料等。如果需要處理分歧事宜，我會特別準備一些描述事實的資料，供與會人士參考。會議完畢後，我會作一個非常簡短的總結，藉此幫助大家認同會議的內容，作為日後的跟進。此外，面對上司或同事，可以參考下面的一些實用的建議，改善人際關係。

(1) 一對一的面談，是一個雙向的面談機會，幫助上司與下屬建立互信關係的會面，幫助雙方在不同的角色上一起成長。作為上司，能夠在下屬執行任務時更早發現及解決問題，可以幫助彼此維繫更好的關係。一對一的面談可以一星期一次，或者一個月一次，其準則是能夠養成一個定時的見面習慣。

(2) 面談最好安排在一間合適的會議室，可以提供一些私人空間，不一定需要嚴謹的會議議程，但是談話內容必須充分善用雙方的時間。

(3) 私下約見，例如午飯時間聚餐等，也可以安排一些創意的地方，例如寫字樓以外的咖啡廳等，通過營造輕鬆的氛圍來處理問題，改善人際關係，重點是讓彼此有一個舒適的環境暢所欲言。

(4) 要清晰了解對方在溝通時所提出的論點和論據；假如對方提出的質疑或者意見等是有理可依的、我們應當要承認，表達自己的過錯，扼要地說出自己會吸取教訓，表明自己日後將採取其他的做法，避免同類事情發生。假若理據在己，需要澄清事實，停止對方對事情的發酵或互相攻擊，在必要時找有關的部門介入，不要讓組織企業成為「是非之地」。

(5) 有些上司或同事，表現出自己是知識全備的人，上知天文，下知地理，無所不知。在與之相處時，需要明確自己的觀點和對方觀點的區別，在了解對方的觀點後，可以恭敬地複述對方觀點中的共同點及可能存在的差異或問題之處。疑問往往是溝通中轉向的機會；當確定對方的觀點有商榷之處時，可以加以表達，間接地詢問對方是否同意所提出的疑問或意見。

(6) 假若遇上以為甚麼都懂的人，但實際上，其所知道的東西是片面的、有可能錯誤的，或提出一些不切實際的方案，我們需要清楚知道他們提出的建議，讓他們闡明建議中具體的細節、合理性及可行性，使其知難而退；在必要時阻撓或打斷他們的一些壞主意。

(7) 面對沉默不表態、悶聲不響的人，建議他們用書面的報告，詳細列明方案內容，在會議上提出或再作交流。

(8) 幾乎從早到晚都在抱怨、對解決問題沒有甚麼貢獻的人，是機構文化建立的絆腳石，應該儘量避免。

我們都明白，同事每天面對的不單是工作的問題，還有家庭、子女、衣食住行等問題，特別面對高通脹、高樓價、年青人難以上游等社會現狀。組織企業更加需要建立健康、理想的工作環境，讓同事在組織企業中找到出路和樂趣。在我的辦公桌上貼有四句話作為對自己的提醒：「More Fun，Fewer Business，More Profit，Less Work」。「溝通」的英文字「communication」的字源是拉丁文「communis」，意思是共同、彼此分享的意思。能夠在職場上互相接納，彼此認識，真心喜歡擁抱工作，是我們理想的工作環境。不過，假若當前的工作環境並不是理想中那樣，我們可以嘗試把學習到的知識，一點一滴地應用在生活工作上，多一些包容，多一些感恩。記得主耶穌為了那些釘祂在十字架上的人說話：「父啊！赦免他們，因為他們所做的，他們不知道。」[71] 我們也應該為了我們所愛的人，包括：父母、兄弟姊妹、配偶子女或朋友等，對他們的一份承擔，對他們的一份愛，使工作變成更有意義，與同事相處融洽，帶著輕鬆的心情去過每一天。

要訂立一些
有挑戰性的目標。

弟兄們，我不是以為自己已經得著了；
我只有一件事，就是忘記背後，
努力面前的，向著標竿直跑，……

（腓立比書三章 13-14 節）

第五章

激勵他人

「激勵」（motivation）是指一種能夠激發和指引個人行為的動力，例如為了滿足衣食住行的基本需求而去工作的動力，或者為了自身尊嚴和實現人生價值而去奮鬥的動力等。在上一章提及有關朋友、上司與下屬之間擁有良好的人際關係，在激勵的過程中扮演了一定的角色，會較容易激發其潛能。此外，在前幾章提及的內容，例如價值觀、目標的重要性等也會影響和激勵著他人。

本章主要介紹如何通過創造激勵的條件來激發下屬主動地投入工作，爭取更佳的表現。此外，還介紹了不同的激勵方法和理論，幫助管理者客觀地了解下屬的情況，在職場上運用合適的激勵策略。

激勵

泰勒的科學管理理論
（泰勒激勵理論）

弗雷德里克·泰勒（Frederick W. Taylor）的科學管理理論（也稱為「泰勒激勵理論」）對現代管理有很多方面的貢獻，包括對工作流程的分析，提倡使用最佳方式來執行任務，提高工作效率等。他和研究團隊致力於研究最佳的科學方法，包括應用在工商業領域的「時間與動作研究」（time and motion study）、「工作研究」（work study）等，以尋找最有效率的工作方法。他和研究團隊提出「家長式管理」的方法，並引入工作的操作過程、結合人體工程學、對員工提出工作培訓、績效工資激勵制度、改進的員工選拔等方法。[1] 泰勒的管理方法一方面強調使用科學方法來提高生產力，另一方面則認為金錢是激勵員工的主要因素和力量。為了激勵員工，組織企業不應向員工支付固定工資，而應根據績效來支付工資，這樣會激勵員工在沒有監督的情況下仍會努力工作。此外，他認為在管理上，「過去以人為本，未來則要以制度為先。[2]」他補充在未來，人才仍然十分重要，任何良好的制度下，首要目標必須是培養一流人才。同時，系統化的管理亦不可以忽略，優秀的員工可以更迅速地登上較高的職位。建立系統管理[3]，改進工作方法、工作流程、激勵員工、提高生產能力的重要手段。管理中的系統方法，可以在 ISO9000 管理體系一系列的國際標準中找到其定義——管理體系被定義為組織中相互關聯或相互作用的要素，用來建立政策、目標和實現這些目標的過程[4]，透過 PDCA 以達至改進和完善產品質量及管理的有效性。[5]

馬斯洛需求層次理論及其最後版本

自我激勵可以由馬斯洛（Maslow, A.H.）需求層次（Maslow's Hierarchy of Needs）開始說起，在他的研究中[6]，提及人類至少有五個需求層次，包括「生理」（physiological needs）、「安全」（safety needs）、「愛」（love needs）、「尊重」（esteem needs）和「自我實現」（self-actualization）。（圖表 10）

「生理」需要，是驅動人行為動機的起點。每當人面對生存問題時，身體會因缺乏食物和水而向大腦發出訊息，指示身體需要優先選擇食物，以實現、維持和滿足生命的基本需求。在獲得這些基本需要前，一些更高級別的願望不會成為優先考慮因素。只有在基本「生理」需要得到滿足後，才會出現更高級別的需求，馬斯洛將其粗略地歸類為「安全」需要。

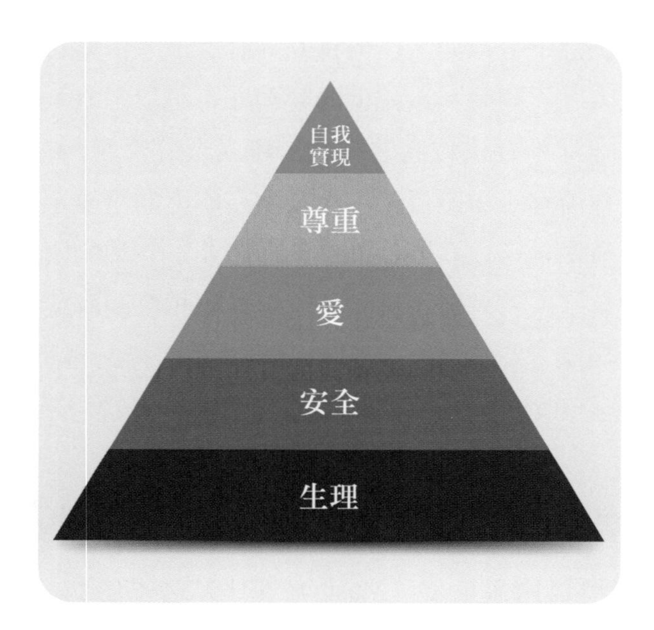

圖表 10：馬斯洛需求層次理論 [6]

我們身體的各種機能，包括對外界事物的反應、接受人物和事物的程度、人與人之間的溝通、運用智力和其他能力等，往往都是通過自身的保護機制來確保身體不受傷害的。所以，在尋求安全的需要下，身體可能受不同的心理狀態和自主保護機制的支配。這個排他性的保護機制調動身體所有的能力，構成第二個層次「安全」需要，即為尋求一種「安全」的情況而產生的動力。如果人視「安全」需求比「生理」需求更重要，則人可能幾乎只會為了安全而生活。

第三種需要是「愛」。如果「生理」需要和「安全」需要都得到滿足，那麼人就會渴望愛、親情和歸屬感。在這種情況下，人會努力與其他人建立關係，並在群體中找到自己的位置。在沒有飢餓和不安全的情況下，人會更渴望與人交往。因為沒有朋友、愛人或孩子的失落感會十分強烈。

更高一個層次是「被尊重」的需要。人渴望得到他人穩定且高度的評價，這是構成自尊的一部分。一個人如果基於自己的能力和成就而備受尊重，不但可以增強面對社會和職場的信心，亦有助建立自主和獨立的能力；當受到其他人認可、關注或欣賞時，其個人聲譽和威望也隨之而提升。

第五個層次是「自我實現」的需要。人追求自我理想的發展，做他認為適合的事情。這個層次的人會努力發揮不同的創作力，提升自我的成就，追求自我存在價值的實現，以及心中理想的「人」的自我實現。一些研究的結果顯示，隨著管理人員的晉升，他們對「安全」的需求減少，對「歸屬感」、「尊重」和「自我實現」的需求增加。[7]這個改變，可能與不同的職位階段有關，也就是正規化的地位轉變，而不是因為滿足了低層次需要後導致的結果。及後一些研究的結果，都對馬斯洛的主張提供了一些支持，「安全」和「愛」等成長需求，均與改善學業進步有著相互作用及產生正向的關係。[8][9]

1969 年，馬斯洛修正了他此前對激勵需要層次的結論，加入了第六個層次「自我超越」（self-transcendence）[10]（圖表 11）。「自我超越」是尋求自我策動，超越自我，包括理想（真理、藝術）或事業，體驗超越自我界限，為他人服務，對科學、真理、信仰的追求和奉獻，被視為超然的或神聖的。在「自我實現」的層面上，焦點在於個人努力的實現。在「自我超越」的層面上，個人自身的需要被擱置在一旁，轉而聚焦於他人和某些更高層次的事物；不但體驗出超越或延伸到個人自我的認同，並通過這體驗，感受到超越自我的界限。馬斯洛在 1970 年去世，當時很多的學者只保留他五個層次的激勵需要，卻沒有加入他

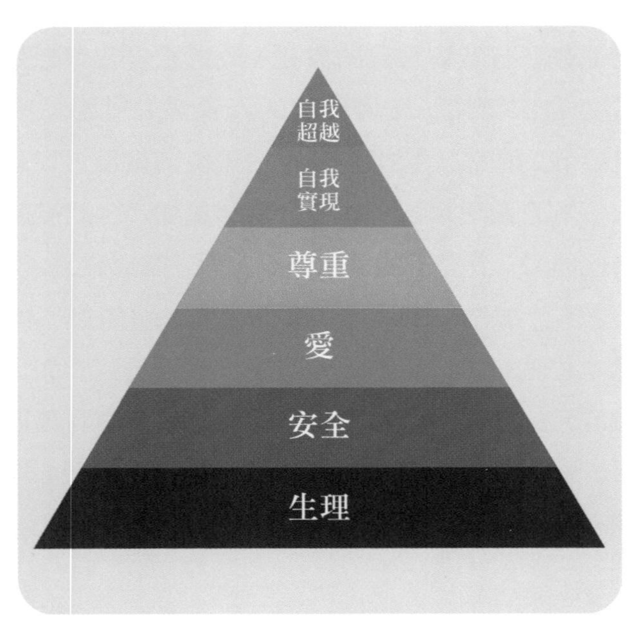

圖表 11：馬斯洛需求層次理論修正 [10]

的第六個層次。[11] 達到第六個層次的人物，以史蒂夫．喬布斯（Steve Jobs）為例，他於 2005 年在斯坦福大學畢業典禮致辭的最後一段結語說道：「不要讓其他意見的噪音，掩蓋你內心的聲音，最重要的是，要有勇氣追隨你的內心和直覺；你內心的感受，其實已經知道你真正想要的是甚麼。至於其他，一切都是不重要的。[12]」他每天工作量之大，令人難以置信，皆因他渴望改變世界；即使已經做到了，也要付出百分之一百。他所做的不是為了自己，而是為了世界。愛因斯坦在 1921 年獲得諾貝爾物理獎，然而，直到現在，還有許多尚未解決的問題，期待有更多的愛因斯坦來尋找答案。無論如何，就像音樂和美術一樣，能一窺自然界運行的「美」，無疑是一個激動人心的感受。[13] 這種對科學真理的追求，是超然的，是在第六個層次上的「自我超越」。另一些例子，就是使徒為主殉道，因主耶穌被釘在十字架上，為拯救世人而死，第三天復活，這是在信仰層面的超越自我，為世人而付上的奉獻，被視為超然和神聖的，他們所信的催使他們這樣做，因為「神愛世人，甚至將他獨一的兒子賜給他們，叫一切信他的人不致滅亡，反得永生。[14]」。

斯金納的強化理論

斯金納（Skinner）提出行為的「強化理論」（reinforcement theories）。[15] 他認為人的行為是可以選擇的，在成長過程中作出行為的選擇，是建基於生物中的因果行為模式。他解釋成長時的學習和經驗，帶來的結果就是人的本能選擇。人因為他過去的經歷，包括其行為的後果，影響著他對將來行為的選擇，以及人與人溝通和傳遞的模式，也影響著他在不同文化下而作出的選擇。更具體地說，只有過去的經歷才會影響人的選擇。

斯金納認為選擇是一種因果模式。[16]強化理論包括：積極的強化（positive reinforcement）、負面的強化（negative reinforcement）和懲罰強化（punishment reinforcement）。積極的強化是指某人對某件事做出積極的回應、或採取一些積極的行動，因而得到積極的獎勵。例如，上司在公司大會中表揚員工，這將對其他目睹這一行為的所有員工產生積極影響。假設老闆對表現好的員工予以獎勵，當員工看到表現好與獎勵的關係，員工會爭取有更好的表現，期待獎勵的到來，這對職場中每一位員工來說，都是一個積極的強化作用。

負面的強化是指為了消除一些令人反感或不愉快的刺激，因而對某些行為產生積極的影響；簡而言之，是避免一些不悅的感受而增加某些行為的可能性。例如，你的孩子原本懶於執拾，卻自發地打掃了自己的房間，這個行為的改變，是因為想避免你的嘮叨而導致的；又例如，為了避免吵鬧的鬧鐘聲，你會竭力從床上起來；又或者，為了避免交通堵塞，你會選擇早點出門。[17]儘管積極和負面的強化有所不同，但其目標都是一樣的，亦即是增加一些期望行為的可能性。

懲罰強化是指當員工做出錯誤的行為，並為組織企業帶來了損害時，老闆懲罰員工予以糾正，以避免再次犯錯。在採取懲罰措施時，需要考慮員工是否故意為之，還是因為人為疏忽或意外而造成錯誤。例如，當一個人批評、嘲笑、指責或身體攻擊他人時，組織企業往往需要抑制這些不良行為而施以懲罰。當然，我們只能夠假設，受懲罰後，員工犯同樣錯誤的機會會減低。

雙因素激勵理論

當你去了解員工在工作上為何感到不滿時，你可能會聽到員工抱怨老闆的不是、薪資低、工作環境不舒適、管理不善以及規章制度不合理等。讓人感到痛苦的因素當然會打消員工的積極性，然而，即使在管理良好的機構中，員工也未必因為受到激勵而更賣力地工作。弗雷德里克．赫茨伯格（Frederick Herzberg）在 1950 年至 1960 年代的研究發現，員工在工作中感到滿意和積極性的激勵因素（motivators），與使他們感到不滿意的因素（hygiene factors）在本質上是不同的。研究的發現包括[18]：第一，被激勵而產生動力的員工，會尋求更多而不是更少的工作時間；第二，提高工資，並不一定對員工起到激勵作用。當然，在經濟不景氣時，這可能會讓員工更勤奮工作。（留心研究的時段，1950 年至 1960 年代並不代表現今的看法。）

現今的員工似乎比以往任何時候獲得的工資和安全更多，但他們花在工作上的時間卻比以前少了，這是一個無法逆轉的趨勢。這些好處不再是獎勵，久而久之便成為員工的福利或是權利。每週工作六天是不受歡迎的，每天工作超過十小時而沒有加班費可能違反條例，擴大醫療保險是基本的福利。除非不斷提高福利，否則員工的心理反應就是公司在倒退中。此外，士氣調查、福利建議計劃和團體參與計劃等出爐，管理階層和員工之間的溝通和傾聽有所增加，但是，激勵的動力似乎沒有太大的提升。

弗雷德里克・赫茨伯格認為人們的動力，來自於有趣的工作、挑戰和日益增加的責任。這些內在因素滿足了人們對成長和成就的深層需求。他把這些因素分為兩類，第一類是「成長／激勵」因素（growth/motivators）；第二類是「避免不滿或衛生」因素（dissatisfaction-avoidance or hygiene factors）。[19][20]

成長／激勵因素包括：(1) 成就（achievement）；(2) 認同（recognition）；(3) 工作本身（work itself）；(4) 責任感（responsibility）；(5) 進步（advancement）；(6) 成長（growth）。

避免不滿或衛生因素包括：(1) 公司政策與管理（company policy and administration）；(2) 監督（supervision）；(3) 人際關係（interpersonal relationships）；(4) 工作條件（working conditions）；(5) 薪資（salary）；(6) 地位（status）；(7) 安全（security）。

我常常跟管理團隊說，給員工加薪，在短時間內，會令員工開心而起到短暫的積極性作用，但是，過了一段時間，員工將視增加的工資為理所當然，而逐漸失去激勵的作用。從員工的角度去看，他們認為調整工資是理所應當的。現今社會通貨膨脹，物價上升，著實令員工面對生活壓力，管理團隊如何在人手短缺、成本上升的壓力下取得平衡？在提供良好的工作環境、工資以及全面保障的同時，管理者可以加入不同的激勵因素，以提升員工的上進心和奮鬥力，好像在員工身體內裝上了一部發電機，不斷地為他們提供激勵的動力，令員工能夠自發地做得更好、表現更出色。

麥克萊蘭的成就激勵理論

麥克萊蘭（D. C. McClelland）提出了成就激勵理論（achievement motivation theory），他提出激勵中的三種需求[21]，包括 (1) 成就的需要（need for achievement）[22 23]；(2) 權力的需要（need for power）；(3) 親和的需求（need for affiliation）及各需求之間的結合。[24]

第一種激勵的需求是成就的需要，指的是訂立具有挑戰性的目標，在實現目標的過程中，願意承擔經過計算的風險，並從不同的方案中尋找達成期望結果的最佳途徑，堅忍地完成使命，達成目標。麥克萊蘭提出：「奇怪的是，許多人似乎並不是主要渴求金錢本身或金錢能買到的東西。如果是的話，他們中間許多人，應該在賺到足夠的錢之後，便會停止工作。」因此，利潤並不一定是激勵的需求。在激勵的過程中，人們通常會獨自工作，每當有進步和成就時，他們會因為接收或聽到有關工作的肯定而感到開心，這就是激勵工作的動力。

第二種激勵的需求是對權力的需要，即想要影響他人並控制他人。這種動力的來源包括喜歡競爭和獲勝、享有崇高的地位、得到同事的認同，以及喜歡在辯論和爭論中勝出。這些因素可以滿足個人對權力的需要。麥克萊蘭認為[25]，一個組織企業的最高管理者，必須擁有對權力的需求，但這種需求必須受到約束和控制。權力本身應該以整個機構的利益為依歸，而不是為了有利於管理者個人本身而存在。

第三種激勵的需求是親和的需求，也就是歸屬感、被團隊接納、被喜歡、被人愛戴等的需求。他們希望屬於某團體，常常附和以及願意執行其他團隊成員想做的事情，並不喜歡高風險或不確定性的事物。

這些激勵的需求，在一些對工廠的管理者和第一線員工的研究中得到了實證[26]，相關技巧可以從學習和訓練中獲取。人們透過學習，能夠掌握激勵的過程和其需求，這個理論有時被稱為「學習需求理論」（learned need theory）。

期望理論

庫爾特·勒溫（Kurt Lewin）的心理力場（psychological force field）理論影響深遠[27 28 29]，丹尼爾·卡尼曼（Daniel Khaneman）在其2002年的諾貝爾獎傳記中說道：「作為一名一年級學生，我讀到了社會心理學家庫爾特·勒溫的著作，並深受他的生活空間（life space）地圖的影響，其中激勵（motivation）被描述為一種從外部加於個人的心理力場，向各個方向推動和拉扯著。五十年後，我仍然藉著勒溫的理論，分析如何引起行為的變化。[30]」庫爾特·勒溫和托爾曼（Tolman）[31]的早期工作，提出期望理論（expectancy theory），認為行為是由目標導向的，具有意識或意圖。弗魯姆（Vroom）首次系統性地闡述了在工作場所相關的期望理論。他認為「期望」（expectation）、「工具」（instrumentation）和「效價」（valency）在個人心理上和信念上相互作用，會產生一種動機力量，進而影響行為。

「期望」是一種瞬間的信念，相信某些特定行為，可能會導致特定的結果[32]。例如，員工之所以選擇努力工作，是因為他們相信投入精力完成任務，就會產生工作相關的績效、獎勵和晉升機會等。波特（Porter）和勞勒（Lawler）擴展了弗魯姆的理論，他們認為信念（belief）或感知（perception）通常是基於個人的過去經驗、自我的能力和曾經達到績效目標或結果的難易程度來判定的[33]。他們還提出了一種回饋的循環，即如果員工過去的優異表現未能為自己帶來獎勵，他們可能會對獎勵制度失去信任，進而影響到他們在未來工作上的努力程度。所以，獎勵的前提（包括精神的、物質的）是必須先完成組織任務的績效，而不是先有獎勵後有績效。領袖和管理團隊在設計獎勵與績效之間的關聯性時，要確保獎勵能夠激發員工的動力，讓他們達成期望的績效。否則，當員工發現他們的獎勵與成績關聯度不高時，獎勵將不能成為提高績效的刺激物。如果員工認為獎勵制度符合公平原則，自然會感到滿意，從而願意付出進一步的努力；反之，如果員工感到不滿，則會消極怠工。

激勵的「工具」是另一種感知，當一個人通過第一層次的結果（一種激勵的工具），它會導致第二層次的結果出現。例如，如果一個人認為高績效（第一層次的結果——激勵的工具）有助於實現他期望的其他回報（第二層次的結果，例如加薪），那麼這個激勵工具的性能就很高。另外一個例子，高績效（第一層次的結果）將有助於他迴避其他的結果（第二層次的結果，例如被解僱），那麼該人就會表現出高績效（第一層次的結果——激勵的工具），而這激勵的工具的性能也很高。假若一個人認為不同的績效（第一層次的結果——激勵的工具），都有獎勵（第二層次的結果），那麼這工具的性能就很低了。[34]

第三種感知是對結果帶來的價值情感取向，普遍稱之為「效價」，是指個人對特定結果的情感取向（特定結果帶來的價值之感知）。由於每個人的價值觀並不一樣，假如第一個人更願意獲得某個結果（這個結果可能不是第二個人期望獲得的結果），那麼，該結果對第一個人來說，富有積極的價值。

與個人效價相關的因素包括需求、目標、偏好、價值觀、動機來源，以及個人對特定結果的偏好程度。例如，一個人認為獎金或加薪是具有激勵性的結果，但是，對另一個人來說，並不具有相同的激勵性，這個人可能喜歡更高的獎勵或者是更靈活的工作時間。弗魯姆認為，在選擇行為時，人會選擇最大的動機，其理論函數可以概括為：「激勵（的動力）= 期望 x 工具性 x 效價」。如果實現目標是期望的結果，那麼，實現目標就成為激勵（的動力）的源頭了。

公平理論

公平理論，在工作和生活中的核心地位越來越重要，員工會以公平作為個人衡量結果的尺度。格林伯格（Greenberg）創造了「組織正義」（organizational justice）一詞[35]，用於理解組織行為的公平現象。值得注意的是，公平（組織正義）已成為理解工作行為的關鍵變數。當人們相信他們受到公平對待時，他們往往表現出更高水準的工作績效和崇高的組織公民行為。[36]

正義有兩個相關的基礎，即內容和過程。正義理論，就像大多數激勵的理論一樣，強調在工作環境中，如何由個人因正義而推動積極的行為。正義對員工來說十分重要，因為它會影響他們的行為和態度。[37]

正義有四個範疇[38][39]：第一，程序正義（procedural justice），涉及組織程序相關的公平觀念，包括一致性、正確性、無偏見和準確性；第二，分配正義（distributive justice），涉及金錢、獎勵和時間等相關分配的公平感。當感覺公平時，個人會努力維持和促進正義；第三，人際正義（interpersonal justice），涉及互相尊重（在禮貌方面）。儘管決策可能會為接受者帶來負面後果，但如果個人承認自己受到尊重，那麼這些決策，仍然被認為是公平的；第四，資訊公正（information justice），涉及員工收到資訊的數量、質量、時間和相關且充分的解釋及論點。

組織的公平公正對員工個人和集體的工作的動機都有積極而顯著的影響。在組織企業工作了很長時間的員工之所以繼續留任，可能是因為他們得到了公司良好的待遇，與其他員工和管理層的關係良好，以及公司給予他們在公平公正上的安全感。

目標設定理論

洛克（Edward Locke）提出目標設定理論是基於最簡單的內省觀察，即有意識的人類行為是有目的的[40]，它受個人目標的調節。然而，目標導向似乎是所有生物行為的特徵。[41] 因此，目標導向行動的原則並不限於有意識的行動。目標設定理論在1960年代末期出現，研究指出目標可以增強任務績效。[42] 而特定的目標（goal specificity）、困難的目標（goal difficulty）和對目標的承諾（goal commitment），都有助於提高工作的表現。

目標如何影響績效？[43] 第一，目標具有指導作用，把注意力和精力集中在目標相關的活動上；第二，目標具有激勵作用，訂立更高的目標比訂立低的目標，明顯地讓大家更努力地工作；第三，目標帶來堅毅，員工在艱巨的任務上，會花更多的時間和努力去完成任務；第四，目標帶來間接的行為，在執行和達成任務的過程中，會尋找、發現、學習和使用相關的知識及策略。

影響目標與績效關係的調節因素（moderators）包括 (1) 目標承諾（goal commitment）：當面對困難的目標時，承諾是非常重要的，它可以分為 (i) 表明目標的重要性和 (ii) 提高自我效能（self-efficacy）。如何使目標顯得更加重要？向外公開對目標的承諾，可以增加目標的重要性，因為目標在他人眼中，已經成為個人在行為上的誠信問題。領導者和管理團隊傳達令人鼓舞的願景，在行為上表現出支持團隊，增強對目標的承諾。另一種比較常見的方法是，讓下屬參與制定目標，目標便成為個人的一部分，對他們來說，變得更為重要，因為一個人至少會擁有部分目標。領導者可以透過培訓過程、成功經驗分享、角色扮演、學習的榜樣、曉以大義、表達對實現目標的信心等，提高下屬的自我效能感；(2) 回饋（feedback）：為了使目標有效地執行，人們需要總結、回饋、揭示目標進展。否則，不知道自己做得如何，也不可能調整執行的力度和方向，達到目標的要求；(3) 任務複雜性（task complexity）：對於複雜的任務，目標的達成效果取決於專業、高技能和有效的策略去完成。由於員工的能力差異很大，如果沒有這些配套，那麼對於複雜的任務，我們所期待的效果會低於簡單的任務。圖表 12 [44] 把上述的各因素描繪出來。

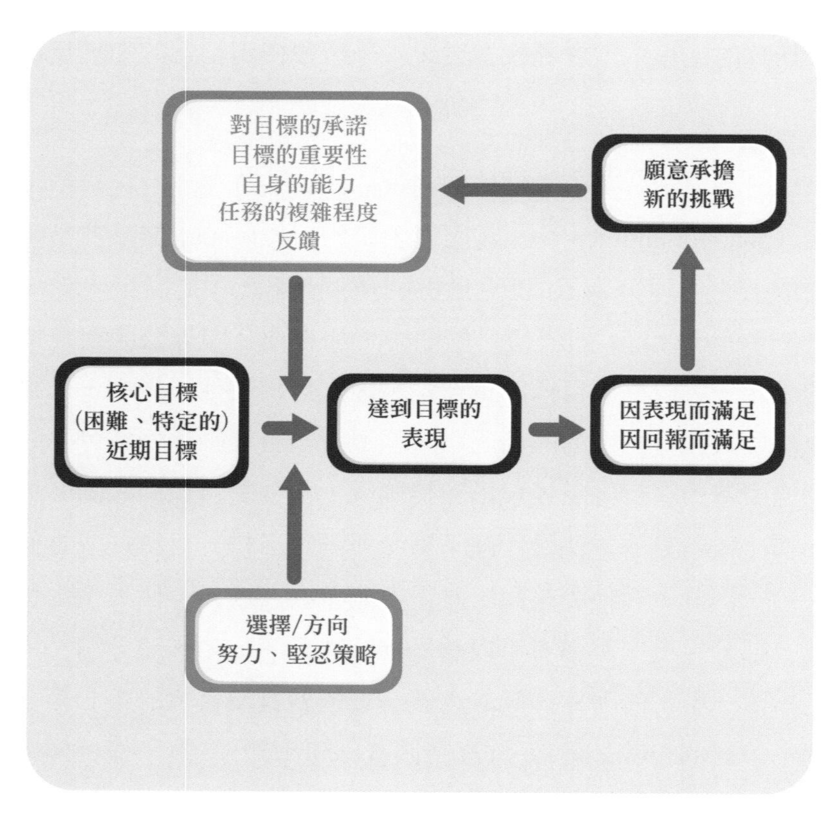

圖表 12：目標設定理論 [44]

興趣與激勵

有些人對自己目前從事的工作沒有興趣，可能是因為他們無法從工作中找到樂趣。如果我們可以選擇喜歡的工作，將對我們的生活更有意義。相反地，如果我們從事一份自己不感興趣的工作，其所表現出來的將會是執行能力，而非實際能力。樂不樂意去做一項工作，無論是人們的工作態度，還是最後出來的工作成果，都是截然不同的。人們有執行的能力，但是不一定會全力以赴，能否把人們的執行能力轉化為全力以赴的行動，要看人們對自己從事的工作是否感興趣；如果人們對自己的工作感到有興趣，會用盡自己的能力，竭盡所能去完成工作，甚至會在能力範圍內繼續進修、精益求精。所以，人們應當從事一份自己感興趣的工作；它除了能帶來收入以外，還能推動人們獲得更多知識與技能。

例如，有些人對音樂和作曲感興趣，但他們不是音樂或作曲領域內的專業人士，作曲對他們來說肯定不是一件容易的事，但出於對作曲純粹的熱愛，他們花了很多時間去學習作曲的方法、使用作曲的工具，最終完成了一首樂曲的創作。有很多真實的事例都證明了當人們對某些事物有興趣及熱誠的時候，是可以排除萬難達成目標的。Nims Purja [45] 是一位登山愛好者，他僅僅用了約 7 個月的時間攀登了 14 座全世界最高的山峰，創下以最短時間完成攀登 14 座高峰的世界記錄。

研究發現，興趣與激勵動力之間，存在正向關係。[46] 此外，研究還發現興趣與內在動機有顯著關聯。[47] 興趣對於一個人的發展非常重要，當我們不能找到與興趣相關的工作時，就應該把工作當作我們生活、工作和責任的一部分，為了馬斯洛需求層次裡提到的最基本的生活需求而去工作，即便不喜歡目前的工作，為了肩負起作為家庭支柱，或者承擔其他重要角色的責任，也要把工作做好。

職場上，主管或上司有責任去輔助下屬把工作做好，既可以突顯上司的領導能力，也可以減輕下屬的工作難度和負擔，令團隊工作更加輕鬆。當然，最理想的是大家都能把工作的責任轉變為樂趣，減少工作量，享受更多有趣的時刻。

改善與激勵

需要改進的表現

上司在部門中扮演著管理者的角色，當發現下屬的表現沒有達到預期時，需要深入了解問題的根本原因。具體來說，需要確定這種表現不佳是由於下屬缺乏能力還是缺乏激勵。傳統的觀點認為，員工能力不足通常與任務的難易程度、自身的努力程度以及長期缺乏進步相關。

如果確實是下屬的能力問題，我們需要思考以下幾個問題：

(1) 是否安排了超越下屬能力範圍的工作，導致下屬難以完成任務？

(2) 是否與下屬的能力無關，而是因為下屬不願意去做或沒有盡力去完成？

(3) 怎麼幫助下屬去改善目前的狀況？

此外，管理者要警惕下屬個人能力下降的跡象，如發現下屬有能力下降的情況發生，應當重視並輔助下屬提升個人能力。

調整人力資源的方法

在傳統的觀點中，提升能力通常會有下列五個步驟：

(1) Resupply 再供給：提供工作的資源；

(2) Retrain 再教育：提供再培訓和在職培訓；

(3) Refit 整修：整合工作的內容至合適範圍；

(4) Reassign 重新分配：調配至其他崗位；

(5) Release 離開：安排離開組織企業。

首先，我們要考慮下屬是否在工作中遇到資源不足的問題，如缺少設備。如果存在這種情況，我們應該及時提供必要的資源和材料，以保證下屬工作的順利進行。其次，我們需要對下屬進行必要的再培訓和教育，以提升他們的工作能力。如果上述兩種措施都已經實施，但下屬仍沒有相應地提升能力，我們可以考慮調整他們的工作範圍或崗位，適當增減不同種類的工作內容，再讓他們去完成工作。如果經過這些調整後，下屬仍不能達到工作要求，那麼可能這份工作不合適他們，我們可以考慮對他們進行勸退處理。

激勵他人的真人真事

教練的思維與守門員的思維有很大的差異，作為管理者，我們可以思考一下，目前自身的狀態是守門員的思維，僅僅讓自己與下屬在崗位中做好本職工作，還是可以更進一步，像教練那樣，做好賽場上的全局把控，為工作和下屬做更多的思考。

電影 *We are Marshall* 改編自真人真事，講述了美國某小鎮上有一隊名為馬歇爾大學的欖球隊，在一次比賽的歸途中，球隊乘坐的飛機失事，飛機上包括球員、教練和後勤在內的 75 人全部罹難。小鎮上的居民對這一噩耗感到非常震驚，悲傷和壓抑的氣氛迅速席捲了整個小鎮。然而，欖球教練傑克決定幫助大學及學生球員們重建馬歇爾大學欖球隊。他激勵校長、其他教練和現有的隊員，招募新人，並積極參加比賽，以延續馬歇爾大學欖球隊的精神。大家可以藉著這事件，從中獲取激勵他人的啟示。

了解工作的意義在激勵中是一個重點，它能讓人們在激勵之中找到工作的動力。當人們認為自己從事的工作具有趣味和意義時，會較樂意完成這項工作。所以，當下屬未能充分了解自己的工作意義時，上司可以幫助下屬或者同事去深入探究其所從事工作的意義。

分享篇

激勵與價值

是甚麼激勵我在香港品質保證局更投入工作？答案是幾位恩師的托付。第一位是羅肇強博士，他是本局的創辦主席。至今我仍記得他為香港品質保證局四處奔波，為局勞心勞力。我與他和他的家人一起吃飯時，他總是帶著慈祥和藹的笑容。第二位是伍達倫博士，他是本局的名譽主席，帶我出席不同的場合，我一有空便和他一起吃飯，他總是鼓勵我，關心我的工作，又常常說：「年青人需要多吃一些，才有氣力工作。」第三位是莫國和工程師，他是本局第三位主席，現時也是我們的名譽主席，在推動提升建築界的品質理念，推動國內業務發展及本局自置國內物業方面貢獻良多。莫工程師與我是師徒關係，我總是不會忘記他對我的循循善誘，他向我們講述許多香港的故事，大家至今仍津津樂道。第四位是盧偉國議員博士工程師，他是本局第四位主席也是其中的名譽主席，對提升本局在香港及大灣區的品牌方面發揮了重要的作用。他的廚藝精湛，出版《盧家私房菜》書籍，我們也曾共進晚餐，品嘗紅酒，一起在外考察遊歷。還有現任主席何志誠工程師，他致力推動香港綠色及可持續金融的發展，他與兩位副主席黃家和先生及林健榮測量師、以及歷屆及現任的董事們，對我及團隊的信任和支持，著實是激勵我們的強心針。

此外，我與一個優秀的團隊一起面對挑戰已有三十年。他們就像家人一般與我一起經歷高低起跌：肩負重任的、擔憂的、技術能力強的、韌力高的、喜樂的、在我面前哭過的、默默守護著和勤奮工作的、對管理方案和策略提出不同的意見的、能力極高的、能力有限的……這些年來，團隊不斷推出創新的服務，走在行業的前端，是我們的目標、使命、團隊的激勵，使我一直盡己所能。此外，我欣賞我們內地的團隊，在疫情下的三年裡，他們如常獨立運作，這正是我們多年來共同努力的成果。我們一起為理想而努力，一起面對困難和挑戰，讓我終身難忘。

社會責任是不斷推動我努力向前的理念。一次探訪大西北貧困學生的經歷，促使我們在上海的寫字樓設立了一些實習生職位，聘用了一些在大西北畢業的學生到上海工作。我們關心莘莘學子，希望他們能夠學以致用。

為了讓學生們認識到品質、環境、可持續性等議題，尤其是與社會責任有關的元素，我們策劃了「理想家園」的活動。還記得舉辦第一屆理想家園的時候，我們心懷忐忑，不確定會有多少學生參加。然而，令人感恩的是，多年來每年收到的參賽作品超過三千多份，這成為我們繼續舉辦這個活動的重要動力之一。「理想家園」已經踏入第十六屆，我相信這個有意義的活動能夠薪火相傳，對學生有更多的啟思。

我關心工商業界的組織企業，透過我們的專業服務，增強其競爭能力；我讚賞我們的技術團隊為這些組織企業的發展壯大，付出了不懈的努力，他們不僅是技術交流的大使，亦是社會責任的傳遞者。香港品質保證局的服務本身就是一種社會責任，也是多年來對我的激勵。在香港品質保證局的一點一滴，都讓我願意為之付出。我相信我們所做的，都是正確的，都非常符合我們的共同價值觀，香港品質保證局與歷任主席的心相連，並成為我們不斷邁步向前的動力。

火尾希鶥與雨滴。（作者林寶興博士 攝）

我們管理者都是管家的身分，要有忠心。

所求於管家的，
是要他有忠心。
（哥林多前書第四章 2 節）

第六章
賦權和權力

自 2019 年末，新冠大流行加速了遠程工作、電子商務和自動化的趨勢，擾亂了全球勞動力市場。封鎖措施導致世界大部分地區停工，一些辦公室和工作場所都關閉了。雖然我們正逐漸走出新冠疫情，且大多數國家也已經取消了嚴格的封鎖限制，但此次大流行引發了工作文化的改變，導致辦公室工作人員需要具備應對彈性環境的能力，並採取自發性的工作行為模式，例如，自主管理，在家遠程工作，透過互聯網絡參加會議等等。這些改變在這新常態下凸顯了賦權（empowerment）的重要性。在 2000 年前後，超過 70% 的組織企業對部分員工已經採取了某種賦權舉措。[1 2 3] 在現今的組織企業裡，更是開啟了新的篇章。本章主要闡釋甚麼是賦權及賦權的屬性，甚麼是權力，賦權和權力的區別及其應用，如何有效地提升個人的賦權及在工作上的權力，恰當地運用其影響力去完成卓越的工作，以及減少不恰當使用權力而帶來的不良影響。此外，亦會建議如何將權力轉化為影響力，影響上級、下屬及同儕。

「敬業樂業」與「敬業態度」

「敬業樂業」四個字，是人生的不二法門。[4][5] 每一份工作都是神聖的，職業無分高低，只要帶著努力和認真的態度去做，都是可敬的。梁啟超先生說：「第一要敬業。」惟有朱子解得最好；他說：「主一無適便是敬」[6]，用現在的話來說就是：凡做一件事，便忠於這一件事，將全副精力集中到這事上，心無旁騖，便是敬。梁啟超先生又引述孔子所言：「知之者不如好之者，好之者不如樂之者」、「其為人也，發憤忘食，樂以忘憂，不知老之將至云爾」以表明：「人生能從自己職業中領略出趣味，生活才有價值」；當人們努力投入工作，就能從中找到樂趣。人敬業樂業，乃是理所當然的。

有關工作的「敬業態度」或者「工作投入感」（work engagement）的研究顯示，「敬業態度」較高的員工，他們的健康狀況、幸福感、組織效率、績效、銷售和客戶滿意度都比較好和比較高。[7][8]「敬業態度」是指「一種積極、充實、與工作相關的心態，其特點是活力、奉獻和專注」。[9] 活力是指精力充沛、心理承受能力強、以及願意在工作中投入熱情、時間和精力。奉獻則代表著對工作無私、充滿自豪感和熱情。專注意味著完全專心、全神貫注。這個定義與「賦權」（empowerment）的意思相近。組織企業要孕育「敬業樂業」的文化，賦權便是其中可行的法則，它可以栽培、影響和推動管理層及員工擁有「敬業樂業」的精神。

對賦權的擔憂

「賦權」對建立「敬業樂業」企業文化有所建樹，賦權看來是積極的行為，但是一些領袖或管理階層並不樂見「賦權」。[10] 可能他們擔心會因此而失去權力，或者在賦權的過程中患得患失，繼而導致其管理變得僵化、不靈活。有一些領袖或管理階層不願意推行賦權的原因，可能是能力上的問題。如果管理階層沒有相應的能力去應對下屬崗位上的要求，在執行營運的事情和處理業務時，已顯得相當吃力，也會因為工作帶來困難而變得苦惱，因而沒有空閒去建立「賦權」。一些領袖或管理階層在遠程工作環境中，例如在家工作或管理海外分公司，對組織企業的責任感和可見度較低。他們可能感覺自己沒有義務向他人賦權。此外，隨著企業電腦化的發展、管理工作模式的轉變，以及中層管理人員的減少，許多文件處理工作，例如電郵，已經不再需要文員或秘書去完成，相對過往的工作內容，如今的管理階層必須兼顧較多的實務工作，管理的下屬減少了，在管理中可能會出現一些不協調或不佳的表現，如何建立賦權對他們來說是一個挑戰，領袖需要多加留意。此外，一些領袖或管理階層認為，賦予他人權力意味著放棄一些自己的權力和控制權。

事實上，當領袖或管理階層對員工進行賦權時，他們會變得更強大，因為他們可以專注於同級別的領袖或管理階層應關注的事情，把目光放在大局上，解決更具戰略性的問題，從而實現甚至超越長期的目標。與此同時，領袖或管理階層為組織企業帶來第二、第三梯隊的人才發展，被賦權的員工藉此發展自己的領導技能，從而填補組織企業在領導梯隊的欠缺。在新冠大流行期間，很多人普遍感到對生活失去了控制，這也包括在家工作或遠程環境中工作的領袖和管理階層。這可能會導致他們通過密切監視員工來作出補償，覺得理應如此管理和加以控制。還有一些領袖或管理階層認為賦權得花上他們很多時間，因為當員工學習承擔更大的任務時，他們可能必須親自指導；又或者可能認為，如果員工在賦權過程中犯了錯誤，那麼這個錯誤可能需要由他們承擔，不賦權就不會發生這些問題了。領袖或管理階層計劃建立合宜的「賦權」文化時，可以留意不同員工的差異性，不同崗位的輕重權責，不同工作的性質帶來影響，以便提供適切的「賦權」過程。

甚麼是賦權？

在競爭激烈且不斷發展的商業環境中，改變似乎是任何組織企業在生存和成功路上，必須面對的事實。[11] 要在當今全球商業環境中贏得一席之位，組織企業便需要裝備從一線到高層的每一位員工，而賦權可以培養更多優秀人才，提升他們的情商、獲取新知識的能力、解決業務、技術問題的能力、復原力、創造力和領導力等素質。

有些研究學者認為賦權是上級把權力交給下屬，其理據是因為 empowerment 的字根是來自 power（能力），在牛津字典的解釋是「有能力去控制……／有能力去影響……」（the ability to control... / strength or influence in...），或「賦予權利或政權……」（the right or authority of... / political control of...）。[12] 從這些定義來看，「能力」是「賦予」或因為「才能」而獲得的。[13] 賦權在劍橋詞典中的解釋是「獲得自由（freedom）和權力（power）去做你想做的事，或控制發生在你身上事情的過程」。[14] 這些觀點認為賦權是組織的管理實務，包括將決策權從組織高層委託給較低的級別，讓較低級別的員工獲取充份的資訊和合適的資源。[15] [16] 根據坎特（Kanter）的組織結構權力理論，「權力」包括正式和非正式權力，掌握更多的資訊和資源，所以，賦予員工權力，可以促進員工的積極性，提升組織成效 [17]，包括改善工作滿意度、減少員工壓力、疲倦感和消極怠工等。

結構賦權與心理賦權

康格與卡農戈（Conger & Kanungo）將賦權定義為管理階層及員工「自我能力」的提升過程，[18] 是一種個人嘗試說服自己內在「自我被賦予權力」的能力。他們認為管理實務只是一個賦權的條件，雖然這些權責給予了員工，但是員工不一定會運用這些賦予的權力去做好工作，所以，必須要從個人角度、心理經驗去了解賦權。[19] 管理層和員工在組織企業的特定範圍內，透過「心理賦權」（psychological empowerment），就是沒有由上司給予權力，無需領導者的直接指示，在沒有獎勵的情況下，包括獎金、晉升、年終花紅等，可以自行決定做甚麼事情。「心理賦權」是管理層和員工的自覺性和主動性的行為表現，在需要的情況下，領導者可能會向他們提供一些輔導或幫助。他們會為組織企業的集體利益作出貢獻，就像自己是組織企業的擁有者一般努力行事，以實現組織企業所訂下的目標，這可能與劍橋詞典中的解釋——獲得自由和權力會有出入，賦權並不是給予某人權力。

托馬斯和維爾蘇斯（Thomas & Velthous）[20] 擴展了康格與卡農戈的研究結果，主張「賦權」應該區分管理實務（工作的權責）和個人心理賦權（工作的投入感）。[21]「賦權」可以分為兩類，在理解上似乎會更容易明白。第一種是「結構賦權」（structural empowerment）[22] [23] [24]，焦點放在組織結構和工作條件上，賦予員工的外部因素，使管理階層及員工能夠輕鬆地獲得決策所需的資源和信息。這些條件包括組織架構，信息發放的渠道，獲取信息的可能性和機會，資源調配的靈活度，及獲取正式和非正式的權力等，讓員工與管理人員在有意義的感知下去履行及完成工作。領導在賦權過程中提供需要的支持、指導，並為員工和管理層提供進步和發展空間。第二種是「心理賦權」（psychological empowerment），它的好處包括提升對組織承諾[25]、提高人力資源生產力[26]、提高工作滿意度等[27][28]。施普雷策（Spreitzer）按員工及管理階層的工作條件作出在心理上的詮釋，認為「賦權」是一種內在激勵的向導，發表了「心理賦權」的四個維度，包括意義（meaning），能力（competence），自決（self-determination），影響力（impact）。[29]「意義」是工作目的或者是工作目標的價值，根據個人的理想或標準來判斷。價值觀、信仰、個人行為和工作角色之間的契合是某種相同的「意義」，如果員工及管理階層的理念不一致，心不在工作上，那麼他們就不會感受到「賦權」。「能力」或「自我效能」（self-efficacy）不是自尊，不是整體效能，而是一種信念，對自己有能力掌握在工作特定角色績效期望的個人信念。[30]信念是一樣特別的東西，當一個人不斷重複練習和嘗試執行任務時，他可以達到熟練的程度。如果一個人相信自己的「能力」，這信念會反映在員工及管理階層的工作能力上。「自決」是個人掌握、調節和啟動行為時擁有的選擇感覺，在工作上反映了自主權，包括工作的方法、節奏、持續性和努力的程度。[31]這種選擇的感覺，是行為的根源，能促使因自己選擇而導致行為的出現，以及行為的調節。這自主權是來自於員工及管理階層，而不是領導者，對啟動和繼續工作起了積極的作用。「影響力」是指個人在工作中參與和影響運營的決定、策略、管理或其結果的程度，並不會因各種工作環境因素而減少[32]，反映了個人是否感覺自己正在為組織帶來正向的改變。

心理賦權的理解和應用不斷發展，梅農（Menon）認為是一種認知（cognition）狀態，其特徵是控制感（perceptions of control）、能力感（perceptions of competence）以及組織目標內化（internalisation of objectives）。[33]控制感和能力感與施普雷策提出的「能力」和「自決」相似，而組織目標內化與「影響力」也是圍繞著工作結果的維度。2009年的另一個研究結果建議了四個不同維度的「賦權」：自主權（autonomy）、責任（responsibility）、信息（information）和創造力（creativity）[34]，這個結果似乎沒有把心理賦權和結構賦權分開來處理。心理賦權和創意似乎是兩個獨立的概念，不是因子或維度（factor/dimension）的關係，而是獨立的構念（construct）。[35][36][37]所以，在這章往後有關賦權的定義和討論，會按照「結構賦權」及「心理賦權」去理解。

權力

權力在定義上屬於相容性比較廣泛的定義，權力放在不同的領域，就有不同的內涵，比如經濟權力、政治權力、軍事權力、社會權力、企業內部不同部門的權力等。權力和政治的有效運用是一種重要的管理技巧，我們在本章討論的權力不涉及社會、經濟、政治及軍事等範疇，我們只探討組織企業在管理層面上狹義的權力。

在管理層面而言，權力是指能夠影響他人行為的能力；能夠影響別人行為的範圍越大，權力越大。從組織企業的管治來看，權力可以提醒、忠告、勸勉、警告、甚或決定員工的去留或晉升。從策略和發展而言，權力給予我們研發產品，投資買賣，推廣營銷，收購合併等企業行為的能力。我們可以從兩個不同的角度去看權力：

第一，從不考慮人的利益（包括員工、管理階層、社會責任、經濟、環境保護上的持份者）角度看來，權力似乎是一種統治的形態。[38 39]

第二，從一種共識的角度去看，權力可以給予我們行動的能力，能夠實現共同的理想。[40 41] 假若是前者，權力似乎對組織企業是一種有害的現象；相反從後者在共識的觀點上，權力似乎是正向，且必要的。管理者在獲得權力後，不應肆意妄為或者濫用權力進行職場政治角力，而應當利用權力來協助他人完成任務；在團體中，只有當所有成員都完成任務時，才是真正地完成任務。因此作為管理者，除了完成本職工作外，還應適當地利用權力幫助下屬完成任務。權力的建立以人力資本及社會資本為重要基礎。人力資本是指個人的能力，包括工作能力，個人的生理及心理素質、德行和競爭力。社會資本是指個人在機構內外的社會脈絡，能夠為個人帶來某些能力或便利的關係。社會資本與人力資本相反，是非個人的，具有社會性的。

權力的來源

組織企業存在的價值和目的，是為了持份者的利益。持份者包括員工、員工的家庭、客戶、客戶的客戶、董事局成員或／和股東、以及組織企業本身等。權力的存在是為了他們的福祉，而不是為了某人的權益。持份者最大的福祉是組織企業可以不斷發展，每年都有盈餘，董事局成員或／和股東不用憂慮組織企業的財政狀況，每月可以支付員工工資；員工家庭，因為每月穩定的收入而不用憂心。對顧客而言，他們期望組織企業能夠提供有價值的產品和服務，解決他們面對的問題、困難和滿足其需要。企業組織對社會負責任，致力於可持續的經營發展，是人人樂見的情景。組織企業做任何的決定都與權力有著密不可分的關係，因為組織企業的決定，往往與資源的配置有關。[42] 如果資源運用不當，會影響組織企業整體的業績和利潤，甚或組織企業存在與否及其長遠的發展，最終會影響到員工的福祉、調薪、晉升和事業的發展，這些考慮便是權力的誘因和來源。[43] [44] 有甚麼因素影響我們在工作上的決策呢？我們試舉出下面的一些例子加以說明。

專業

賦權與權力雖然字面上近似，但兩者在管理層面的概念上有明顯區別。權力，可以從多方面獲得，在企業中專業的意見，尤其是外部專家的意見，往往成為重要的參考，能左右組織企業最後的決策。專業人士的專業導向，便成為權力的來源之一。[45] [46] 專業可以由某些政府、或授權機構、或專業團體確認後頒發給合資格的人士。專業可以看為是從外面獲取，也可以在知識、技術或經驗層面獲取。例如，一位員工在組織企業服務了一段頗長的時間，他可能成為該組織企業某些專業的來源；又例如，通過飽覽某一個新範疇的資料、文獻和群書，不斷重複鑽研和掌握實踐的經驗，久而久之，他也會擁有該範疇的專業能力。專業與努力是有關連的，專業的背後，往往存在著個人努力的因素。

努力

當我們做了一個決定，無論是改善流程、提升業績、購置新寫字樓，還是聘用管理人員，目的都是為達成目標。做了決定後，並不代表立刻會達成目標，還需要努力去實現目標。在現實的生活裡，有些人決定要戒煙，或多做運動，或多休息，或選擇進食健康食品，或按醫生的吩咐把體重減下來。有趣的是，人花了很多時間在考慮和做決定，決定好了，卻沒有好好地執行，那也是徒然。這些決定需要承諾，需要努力。缺乏努力而不能夠達到目標的，比比皆是。相信大家都能夠理解，成功必須經過艱辛的執行過程。優秀的管理人員不會花太多時間在決定上，當做了決定，便應該聚焦思考如何實現目標。我們需要聚焦思考的是明天，而不是昨天，哪怕昨天做了最好的決定，並有了一定的成果，但是這些事情都已經成為過去。

努力需要忍耐、毅力和不斷嘗試，這是成功的不二法門。大家試想一下，有哪一位父母可以每次藉著他們的威嚴和權威，命令孩子做一些他們不願意去做的事情。在組織企業裡的管理階層也是如此。他們擁有權力，但也有他們的限制，他們還是需要與財務部門，業務部門，人力資源部門，交付部門等充分溝通和合作，才可以成就組織企業的發展。

權力讓我們可以做出決策，但更重要的不是我們在做出決策時的質量（畢竟，我們在做出決策的當下無法真正知道），而是後續如何配合新決策展開和採取相應的行動。隨著執行的行動、決策內容的更新及後續行動的修正，在逆境中繼續前進的「努力」是非常重要的。

在觀察中看到一些組織企業在執行計劃的行動上面對困難，裹足不前，其關鍵可能在於行動方面所花的「努力」不足。此外，我們不可以忽略制定策略所需的「努力」，包括如何制定多個策略來應對單一課題，修正失效的策略，再接再厲。

以業務為例，我們可以從業務表現看到「努力」的成果。因此，權力的第二個來源就是努力。[47]

合規

某一個職位人員的權力，原則上應與他承擔的責任有一定的關連；責任越大，擁有職位上的權力也隨之增大。不過，從一般組織企業的現狀來看，職位上的權力，與其職位的責任配置不一定相稱。員工責任多而權力少是現今社會的趨勢，這不是因為組織企業吝嗇，而是很多組織企業使用了電腦科技去協助簡化流程，減省人力資源。由於科技趨向電腦化，權力分散落在電腦的編程上，而編程是由相關的管理階層，或者是由領導者作最終的審批，所以權力不再出現在執行人員身上。另一個較明顯的例子是組織企業的人員按著既定的過程和程序執行任務，過程和程序本身的設定，已經把有關的權力放進其中。執行人員面對一些處境性的問題，會感覺乏力，因為程序的內容不能涵蓋所有的情景，需要上司或管理階層、甚至管理者作最終的決定。當這個決定權需要按照組織企業內部的規範來思慮時，這些規範便成為權力的一部分。內部的規範就好像社會中的法律，把一些組織企業行為滙聚成為員工需要遵守的合規內容，例如所有員工都應該有一個共同的價值觀。過程與程序可以按照組織企業的發展或需要而改變，不過，共同的價值觀就不能夠隨便更改，因為價值觀代表了組織企業的個性，是組織企業品牌建立的必要元素；價值觀就好像一把用來量度對與錯的直尺，以及作出最後決定的重要參考，好像國家的憲法，成為合規性的重要內容。「合規」故而成為組織企業的第三個權力的來源。

目標

目標是第四個權力的來源。權力來自對領導者的承諾，這個承諾通過組織的身份、價值和使命等共同信念將人們聯繫起來。組織企業制定目標有四個重要的條件。第一，領導者的承諾。目標是經過管理團隊和領導者一起同意制定的，沒有領導者的承諾，要達到目標，實現組織企業的發展藍圖，將會極其困難。第二，考慮營運和業務方面的發展戰略藍圖和目標。第三，目標的載體。要將目標與使命和價值觀相連在一起。第四，目標制定的自主性。[48] 目標不單需要得到領導者的認同，還應要得到另一個權力來源——「合規」的支持。當組織企業的總體目標制定後，它將會被分層至各部門，以協助制定清晰的預算及行動計劃，從而增強個人對共同目標的承諾，促使組織走向團結。

表現

在組織企業裡，表現理想的員工往往會受到重視，同事們可能會向他們學習，聽取他們的經驗和心得。此外，他們的建議也會影響領導者的看法和決定。表現理想的員工在內在外累積人際脈絡，維持工作上的友好關係。最佳狀況是，他們可以進一步變成正向交流的朋友。他們都會朝向一些更聰明的方法來達到優越的表現，因為優越表現本身可以帶來影響力和能力。所以「表現」便成為第五種權力的來源。

兩隻赤尾噪鶥相依偎。（作者林寶興博士 攝）

更新而變化的領導力

權力是產生影響力的先決條件。能夠產生影響力的人一定是擁有權力的人，但並非所有擁有權力的人都能產生影響力。管理者可以利用下面的方法來影響下屬和員工的行為或行動。

每年組織企業會按績效考核機制對員工進行評估。對於表現有落差的員工，組織企業會對其工作模式進行調節和改變，幫助他們達到工作要求。例如，在組織企業中，業績表現對個人營銷的行為有深遠的影響，管理階層首先會考慮員工業績表現不佳的嚴重程度，再決定是否需要給予其改善提示、警告、或紀律處分。[49] 領導者制定可行的目標和獎勵政策來激勵員工、改變員工的行為和提升他們的績效表現。這種政策被稱為賞罰並進策略（carrot and stick approach），對良好行為給予獎勵，對不能被接受的行為予以懲罰。

另一種影響下屬的行為在領導力中被稱為「領導——成員交換關係」[50 51]（Leader-Member Exchange, LMX）。在這種關係中，領導者要掌握下屬的心理狀況，滿足他們的需要以交換達成關鍵性的影響。根據受到管理階層或領導者「關照」的程度，下屬可分為「圈內」或「圈外」成員。後者少有和管理階層或領導者互動的機會，受獎勵的次數也少，彼此之間不信任，關係比較疏離，較難建立忠誠或友誼。

「領導——成員交換關係」與互惠互利（mutual benefits）策略相似（交換策略，又稱對等原則）。這策略常應用在雙邊貿易協議上，其動機是透過首先幫助對方獲得利益，然後從對方那裡獲得回報，即任何一方在享受其他成員的優惠待遇時，必須給對方以對等的優惠待遇。而在組織企業的管理中，管理者和被管理者在討論某些課題或制定目標時，應該以平等的方式交流或交換意見。這種從對方利益為出發點的策略，可以讓雙方有互惠互利的收穫，從而讓組織企業得到更好的成果和效益。

還有一種影響下屬的行為在領導力中被稱為轉化型領導力（transformational leadership）。[52] 領導者通過理想化的影響（idealized influence）／魅力型領導力（charismatic leadership）、鼓舞性激勵（inspirational motivation）、智力激發（intellectual stimulation）和個性化關懷（individualized consideration）等維度，讓員工意識到工作的意義和重要性，從而激發起他們更高層次的內在動力，讓他們將工作責任轉變為個人內在的目標。這種方式可以幫助員工發掘自己最大限度的潛力，以達到最佳的表現。為達成共同的願景和目標，領導者要敏銳地洞察團體成員的需求，有時需要犧牲個人的時間和利益等，去關心團隊成員，為他們帶來福祉。

優秀的領導者通常具備以下特質：高情商、開明、誠懇、忠誠、平易近人、正面的關心、同情心、同理心和接納別人的不足、在需要的情況下，與人同行和提供支援等。這些特質讓他們更加容易被他人接納或欣賞。此外，整潔的儀容和得體的衣著打扮也能增加領導者的吸引力。當領導者用合宜、有說服力的理由、理想、願景去激勵員工或管理團隊時，對方往往會心悅誠服。

以上提及的領導力，以「轉化型領導力」的理由策略最佳，「領導——成員交換關係」的互惠策略次之，而結合理由策略和互惠策略的方法，也是較理想的管理進路。我們需要注意的是，在管理過程中，如果只使用懲罰策略和貶低員工，效果會顯得十分遜色。因為使用這些手段，就意味著領導者運用職位權力來管理（是否迫於無奈地，不可而知），這種管理模式可能會引起員工或管理階層的排斥和心裡厭惡，並非是一個健康的管理模式，所以領導者應當儘量避免使用。如何做好「向上管理」，對員工或管理階層來說，是一個大學問。在處理「向上管理」的過程中，更加需要使用理由策略的方式來給領導者提供恰當的、合情合理的理由來影響及說服上司。有關更多「領導力」的內容，可以參考第八章。

增強職場賦權和領導力

特雷弗·羅曼（Trevor Romain）致力讓兒童和成人變得更快樂、更健康、更自信。[53] 他走遍世界各地的學校、醫院、孤兒院、難民營等，傳達了他發自內心的感受，並以堅韌和同情心，毫不畏懼地表達自己。他建議不要告訴孩子你認為他們需要聽到的內容，而是聽聽他們的要求，驗證他們的感受，放下自己的身段至他們的視線高度與他們交談。在賦權過程中，聆聽非常重要，在工作時，上司下級之間也會出現類似兒童與家長溝通的情境，有時候兒童不會直接通過語言來表達出他們有甚麼困難，而是通過一些身體語言或者行為來間接表達其需要。領導者在賦權過程中應該要敏銳地洞察員工或管理階層的訴求。成人有時候需要站在兒童的視線高度去思考問題。推己及人，領導者可以從員工或管理階層的角度去看待問題，與他們一同討論和解決問題。

在我們的職業生涯中，開心工作是非常重要的，在某種程度上，賦權也是一件令我們在工作中產生愉悅的事情。在賦權的同時，可以得到別人的信任，在面對困難時有人支持，也可以自主地做某些決定，更重要的是這些決定能令我們在工作中產生愉悅。此外，賦權的主要目的不是為了賦權，因為賦權只是一個過程，賦權主要是為了栽培員工成為管理階層，讓他們成為組織企業的未來棟樑。作為管理者或即將成為管理者的人，如何能夠令被管理者或者同事享受賦權的過程，要在賦權的過程中有所收穫，是我們需要不斷進修和學習的內容。古語有云：「世有伯樂，然後有千里馬。千里馬常有，而伯樂不常有。[54]」我們應該要關注員工和管理階層的事業發展，栽培他們成材，為組織企業的發展儲備人力資源和管理的人才。以下是一些關於在賦權中培養人才的建議。

第一，建立和制定目標。設定一個清晰的目標非常重要，因為它可以令人有行動的方向、前進的動力；而在賦權的過程中，清晰的目標可以被理解為賦權的起點，是一個成功的開始。目標是期望的結果，目標的制定，需要配合執行的路線圖，以及制定完成的策略，讓員工和管理階層明白他們未來 12 個月的營運方向。目標的建立，不是由上到下，而是共同洽談的結果。每一位管理階層的負責人按著自己團隊的大小、能力、經驗去制定各自營運團隊的目標。領導者的角色，是協調、統籌和給予指引，讓目標最終能夠滿足組織企業上發展的需要，同時又符合團隊的能力，這樣可以讓大家對目標產生認同感和達成承諾。制定目標的環境和氣氛應儘量以輕鬆為主，安排在寫字樓以外的地方，可以增進彼此的友誼，建立互信。

第二，一個清晰的願景。領導者心目中的願景藍圖需要讓員工和管理階層看到。願景是一個可以達到的理想階段，是組織企業未來的樣貌。[55][56]成就這個願景，需要與個人的價值觀相結合，用確切的行動來實現這個願景。礙於員工和管理階層可能缺乏經驗或背景，他們不一定達到思考願景的高度，此時，領導者需要思考如何把願景與目標的資訊內容，通過語言、文字和情感傳遞給員工和管理階層，同時幫助他們把目標放進願景中。

除了有願景的藍圖外，我們更需要夢想。夢想能夠給予我們希望，成就更偉大的事業，讓員工和管理階層擁有他們的夢想，他們理想的事業。領導者激勵他們轉化夢想為理想，以成就更大的事情，讓大家在可見的將來樂見夢想成真。夢想和希望是我們努力向前的動力，促使我們小心地計劃，一步步邁向並實現夢想。在這個階段，管理階層可展示他們對事業發展的期望，其中包括晉升的路線圖，這會讓他們思考那些崗位所需要的歷練和能力的提升，從而裝備好自己，甚至超越自我，迎接更大責任的來臨。

我們不能夠只停在夢想的階段，而是要付諸行動，努力實現夢想。至於如何實施，我們要制定一個明確的路線圖來提升管理團隊的能力和技能。領導者需要為他們提供支持，幫助他們提升策劃能力和積累經驗。當大家認同組織企業的願景時，就會朝著共同的方向發展，賦權的過程便慢慢產生作用。組織企業除了確保每年的盈餘外，更要為員工提供發展上的資源，確保他們每月收入穩定，這是對員工和他們家庭的承諾和責任。

第三，觀察、交心和分享。在建立管理階層的同時，通過建立團隊的活動（team building）去觀察員工和管理階層的品格、能力、價值觀等。安排一些單對單的時間和空間，與個別管理階層的負責人檢視達成目標的進度，目的是幫助負責人去完成目標，增加成功的機會，分享領導者的經驗，並提出一些建議，讓負責人嘗試修訂策略和短期目標。管理階層也需要安排一些非正式的空間來促進團隊的凝聚力，讓他們朝向既定的目標發展。領導者也可以考慮每三個月安排一次預算案的檢討，目的是讓不同的管理階層分享他們的成果和成功的經驗。同時，讓其他同事可以互相學習，增加成功的機會。

第四，建立一個短期和中期的營運預算平台。[57] 在組織企業裡，每天都如在槍林彈雨中，我們要在迅速變化的環境中努力前進，正如古語所言：「人之為學，不日進則日退」。[58] 因此，給予員工和管理階層支援是十分重要的。這種支持可以從幫助其完成目標開始，為他們建構一個單對單的見面空間，幫助他們一起面對執行上的問題，同時，為他們提供人力資源和社會經濟發展趨勢的資訊。完成目標其中一個重要的因素，是必須看到未來短期的營運情況，也要處理近3個月眼前業務的情況。也就是說，推動員工和管理團隊建立一個眼前和短期的營運預算平台。此外，對員工和管理團隊的支援必須涵蓋其個人的需要，包括家庭需求，領導者以同事或朋友的身份去關心員工，為他們提供各種支援。

第五，分享成功的經驗。除了單對單的見面外，員工和管理階層的互動也是至關重要的，所以每一個功能的負責人，可以按著他們團隊的需要和時間安排，組織一些非正式的溝通和見面活動。這些活動不只可以增進團隊彼此的默契，更重要是可以分享成功的經驗，使其他團隊成員可以學習和進步。[59] 此外，可以考慮安排正式的營運或業務團隊檢討會議，讓管理階層可以停一停，回顧過往的表現，並作出相應的部署，調整短期目標和執行上的策略。

第六，提供資訊。向員工提供合適的資訊非常重要，這些資訊包括同行的資訊，社會需要的資訊，國際間對業務影響的資訊，網上的資訊[60]，客戶反饋的資訊，各部門達標的資訊；而最重要的資訊是，我們在實現願景道路上的進展情況。另外，對於企業的社會責任履行情況、員工的健康狀況、工作環境以及共同價值觀的傳承等問題，也需要得到充分的關注和討論。

第七，引入年終花紅不單可以增加員工和管理階層收入，更重要的是讓他們從宏觀層面了解組織企業每年的業績表現。組織企業承擔對每個員工家庭的承諾，盡最大的努力幫助他們有穩定的收入。從董事局／投資者的層面來看，組織企業每年能有盈餘是必須和非常重要的，因為組織企業的發展需要投入額外的資源，而資源的來源就是每年的盈餘。這些短期成功的盈餘能讓整個組織企業凝聚在一起。[61]

第八，培養作為管家的職分。管理一個家是一件不簡單的事情，就好像管理組織企業一樣，需要彼此的努力，互相扶持，有策略地應對多變的營商環境，有能力去開發新的服務以幫助客戶解決問題，共同面對經濟大環境的影響，努力共渡困難。領導者與員工和管理階層分享組織企業獲得的利潤，讓他們的家庭免卻憂慮，同時，亦要求他們保持管家的忠心。[62] 領導者讓每一位員工和管理階層一起承擔這個家的發展責任。

在與員工或管理階層交談時，應當優先選擇開放、直接的方式，不要讓他們在討論的過程中有束縛、威脅，或者身不由己的感受。最好的情況是讓他們能夠自願地去做出相應的改變。一般來說，如果人們理解事件的來龍去脈，較容易作出態度或者行動上的轉變。最後也是最重要的一點：在保證工作質量或者進度的前提下，誠懇地提出請求，而不是以欺騙，或者瞞騙他人的方式來達到影響他人的效果。在賦權的過程中，我們可以把前面幾章提到的內容融會貫通，一步步累積並構建自己的一套領導思維。

分享篇

故事與管家

在我看來，權力是董事局給予我們對營運作出持續完善的工具。如何有效善用這權柄？假如我是一個船長，我必須清楚明白我的任務：在最有效的情況下，開往既定的目的地。無論是風平浪靜、或面對驚濤駭浪、或暫時更改航道、或需泊岸維修；這一切的安排，包括資源調配、工作任命、糧食補給等，都需要有秩序地進行。船上的工作人員各按其職、謹守崗位，維持航行路線的同時，儘量讓所有人在平安和喜樂的環境中工作，因為這是我們一起乘坐的船。

有關賦權和權力的工作，可以概括分為栽培性、決定性和執行性。栽培人才是一個核心的考慮，因為人才非常重要，需要長時間去培養，我認為這是非常值得並必須堅持的事。講故事成為我每個重要會議的開場白，故事內容以真人真事為基礎，或加入一些與我們價值觀有關的議題，或取材於對員工有激勵性的事件，讓每位員工能在輕鬆的環境下，理解、明白、認同公司的共同價值觀以及我們的使命。我許下了承諾，就是故事的內容不會重複。大約每年我講的故事有十多個，這二十多年來，我講過二、三百個不同的故事。有世界上第一宗心臟手術、內地斷肢的舞者、每晚收費十萬元在森林裡的酒店、只用了不到七個月的時間便登上全球最高的十四座八千公尺以上的山峰，從環保議題到氣候變異，從品質到社會責任，從激勵人心的領袖篇到可持續發展的管理等等。這些真人真事活生生地展現在每一位員工的眼前，振奮人心。

此外，對第一二梯隊的管理人員，我必定親身演繹和分享管理技巧。而對新入職的員工，我都會親自主持有關公司的管理文化、願景以及政策方針的培訓。我還引入團隊建立活動營、注入團隊建立的元素於公司大會。所有預算案的會議，包括季度的業務和營運會議，都按照年度與共同價值觀相連的目標管理來進行。推動這些改變，必須用上董事局賦與的權力，需要勇氣和智慧去付諸實行，需要決心和耐性去堅持，需要員工的認同和配合。我背後的動力源自於這些事情都是對的，是對公司的一份承擔，是對同事的一份關懷，是對自己的一份鞭策，是對我主耶穌基督補上的一份欠缺。

關於賦權在管理實務（結構賦權）上的決策和執行，我會按照日常營運的需要，制定分權的制度，把權責分清，以應付日常營運的彈性和自主性的需求。在制定營運發展的決策時，我會讓管理層考慮多個因素，包括成本分析、技術分析、合規性分析，和是否必須發展等，以此培養和提升團隊能力，幫助他們成為真正有能力的管家。關於心理賦權，我相信同事自己的能力，允許他們對自己的工作做出決定，為他們提供培訓和發展機會。有時候，我需要較長的等候時間，告訴同事需要改善的地方，待同事達到預期結果，親身體驗自我效能感，也讓同事們擁有堅定的自信和信念，了解多元思維是重要的基礎，知道成功是可能的，並要設定和追求達成目標。因此，忍耐便成為我的幫助和習慣。

對於地域發展的決定，或涉及重大的發展策略，需要大量的資金及資源調配時，我會與核心管理團隊一起討論，研究和協商。我常常對核心管理團隊說：「讓我們把這些可能的建議『沉澱』一兩天。」這個做法稱之為延遲決定（deferred judgement），目的是讓大家「三思而後行」，一旦做了決定，我們便勇往直前。以下是一些具體的實例：

在市場發展和地域發展的必要性和競爭能力提升的前提下，獲董事局接納，在上海、廣州和西安分別購入寫字樓作自用；配合融入內地經濟發展，包括一帶一路及大灣區的政策發展。我們的核心管理團隊、專業服務團隊以及高效的後勤支援團隊，不斷提升在香港和內地品牌的專業性和獨特性，贏得領導地位。

尋找更多的可能性。

先訴情由的，似乎有理；
但鄰舍來到，就察出實情。

（箴言十八章 17 節）

第七章

分歧和衝突

在前面幾章中，我們已經了解過激勵（motivation）、授權（empowerment）、權力（power）和影響力（influencing）等概念，它們在應用時是相輔相成的。本章節所提及的「分歧」（disagreement）和「衝突」（conflict）的概念，並不是指吵架或發生口角，而是指人與人之間持有不同的、甚至是相左的意見。在人數眾多的工作場所中，存在不同意見是一件非常普通的事情。在實際的工作環境中，人們有不同意見是無可避免的事實。所以，作為領導者和團隊的一員，如何有建設性地處理不同的意見，使團隊有更佳的表現是非常重要的。在本章中，我們將了解、學習和診斷「分歧」和「衝突」的思維和來源，以及利用恰當的策略來管理。此外，我們還將探討如何通過合作來建立人際關係。

分歧與衝突

在企業組織裡，存在意見分歧或衝突是一件壞事嗎？

一些下屬可能帶著不同的目的，不想和領袖或管理團隊發生意見分歧或衝突，他們會嘗試琢磨領袖的意圖，跟隨著領袖的思維方向，營造出一致的氛圍。從建立組織企業的目標、文化和價值觀去看，團隊的一致性固然重要，不過，作為領袖和管理團隊要學習欣賞，並接納持有不同見解和思維的下屬和同事。分歧是一致的起點，是創造價值的開端。[1]

分歧

一般人可能會交替使用「分歧」和「衝突」這兩個詞彙，不過，這樣做會忽略了它們之間的差異。分歧是關於每個人希望按照自己的意思讓某些事情發生，當大家的意見不一致時，便出現了分歧。[2] 例如，關於甚麼時候去旅行、如何為孩子揀選學校、如何管教孩子、在哪間餐廳慶祝生日等問題，只要大家在這些事情上存在不一致的想法，就形成了分歧。需要強調的是，分歧不涉及彼此之間的態度問題。當「分歧」出現時，最重要的是大家仍然可以互相交談，可以協商並尋求雙贏的結果。

面對意見分歧，情況一：如果我們掌握對方所缺乏的資訊，我們就應該要考慮不聽從對方的意見，因為這些意見是基於不足或貧乏的證據而形成的。相反地，若對方擁有我們掌握的資訊，我們就要考慮聽從對方的意見。情況二：假若對方的預測隨著時間一點一滴的過去，卻出現不確定性，影響可能發生的機會率，需要修正預測一方當前的信念和未來信念之間的連結，我們就要考慮我們的看法是否會比對方的預測更勝一籌。情況三：要考慮對方預測的內容是否極之罕有，如果這方面的專家不多的話，我們應該要考慮完全聽從對方提出的意見。情況四：假設對方和你掌握的資訊和事實相同，且沒有其他額外的相關資料，對方在評估方面與你一樣出色，但發現大家得出了相反的結論，你應該轉向他的觀點，還是堅持自己的立場呢？這關乎評估時大家的權重是否同等，如果是同等的話，應該可以讓大家的建議互相碰撞、互相攻擊一下，以便完善或捍衛更正確的觀點。

在這裡要補充的是，權重雖然是重要，但當參與討論和決定的不是兩個人，而是團隊裡多位人員，那麼，縱然自己的立場較優勝，權重相同，但一人難以面對多數人不同的意見，會讓自己成為小眾的聲音，這是需要留意的地方。

衝突

在群體組織中發生衝突似乎難以避免[3]。無論是在工作上、生活中，還是在團隊或組織內，甚至親友之間，衝突都是一種常見現象。每當發生衝突時，生氣也會隨之出現[4]，「生氣是一種期待落空、願望達成受阻或需求滿足受挫的感受，是當人遇到阻礙時產生的正常反應。[5]」小朋友會因為正在玩得高興卻被媽媽叫停而生氣；員工會因為上司不明白他們在工作中付出的努力而生氣。此外，不可控的情況也可能會發生，包括不說話、或大喊大叫、或逃避、或指責。從這個角度看來，衝突常常被認為是一種負面的行為。許多人認為最好是和氣生財，不要和別人發生衝突。《論語．學而》記載：「禮之用，和為貴。[6]」在家裡要家和萬事興，在工作中儘量避免衝突。

那麼，衝突是甚麼？衝突是指兩個人存在利益上的不同，出現相反、差異和不一致的意見，當出現衝突時，人處於緊張的狀態，會感到不適。[7] 龐迪（Pondy）綜合早期衝突的定義，把衝突視為整個過程的一連串現象，包括潛伏期（latency）、感覺（feeling）、感知（perception）、表現（manifestation）和後果（aftermath）階段。[8] 肯尼斯．托馬斯（Kenneth Thomas）將衝突定義為「當某一方認為對方已經受到挫折（frustrated）或即將面對挫折而開始擔憂的過程」。這個定義對衝突提出了「起點」這個概念，亦即在其他過程，例如決策或討論中開始轉變為衝突的時刻。[9]

衝突只是反映彼此間的差異和分歧後的情緒反應，在衝突中，只要雙方澄清大家的想法和對對方的期望，保持溝通、磋商，便可以減少分歧，能夠回到「起點」。通過互相討論，收窄不同的見解，尋求協商，合理地解決問題，從而將衝突轉化為解決問題的契機，最終達成一致的想法。如何提高大家處理分歧的能力？我們可以主動去選擇處理和解決更多問題，走出安舒區，面對不同的討論環境，鍛鍊處理分歧的能力，多聆聽別人的不同意見，掌握訊息的足夠性、合理性、評估預期的結果，與不同的人交換意見，這樣做能令自己變得越來越容易適應更多不同類型的「分歧」和「衝突」。在職場上，領導者必須懂得如何處理分歧和衝突。[10] 如果領導者未準備好，他們就可能要面對工作上人際關係的問題，而且上司下屬會消耗不少精力在處理分歧和管理衝突上 [11]，不容易成功。[12] 領導者不得不小心應對。

衝突和組織表現

研究結果顯示，衝突程度的高低與組織表現的關係，如圖表 13 的曲線所示。[13][14][15]

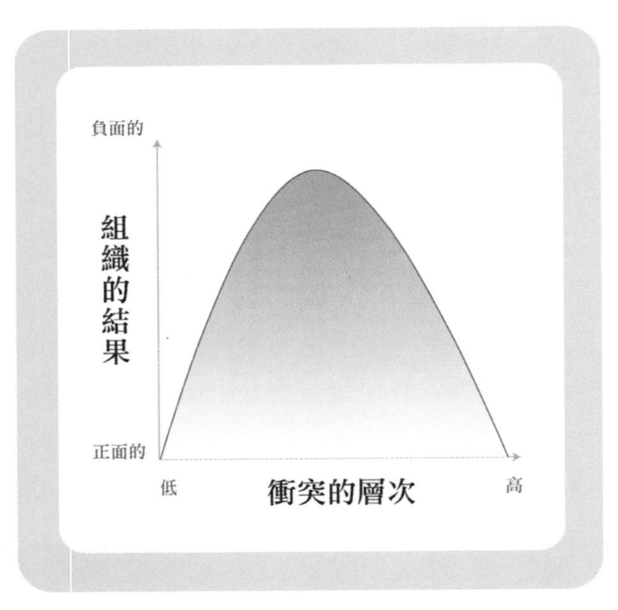

圖表 13：組織的表現與衝突的關係 [13][14][15]

衝突並非完全是一件壞事，有一定程度的衝突可以給組織、個人帶來正面的結果。比如在大家持有不同的意見時，進行溝通協商，最後能夠帶來一個趨同的結果，而這個結果可能比自己當初的想法或者意見更好，這是衝突帶來的正面影響。最佳衝突水平可以帶來激勵人心、增加創造力的氛圍和主動性，提高工作績效。但是，如果衝突頻繁發生，並且長期存在，這種情況下的人際衝突會損害人的身心健康，令表現的結果變得非常負面。

衝突的類型

在六十年代，龐迪（Pondy）把「衝突」整合為三種類型[16]：

(1) 討價還價的衝突（bargaining conflict）[17]：討價還價是一個達成共識，最終希望制定合約的過程，合約的內容可以是貿易中要支付產品的價格；在薪酬談判中，如果合約的其他條款不變，那麼價格就是基本工資，其間可能會發生衝突，甚至永遠都無法達成任何協議[18]；

(2) 官僚的衝突（bureaucratic conflict）：組織系統的構建，包括由上而下的層疊架構，以及多位擁有權責的人員進行審批，按照程序和專業人員的意見辦事等，其原意是維護組織和機構的公正管治，保障公平和專業誠信，提高營運效率，增加重複工作的穩定性，減少錯誤的發生。然而，在官僚環境（bureaucratic）下，不必要的「繁文縟節」（red tape）可能成為阻礙工作效率的絆腳石，導致顧問、專業人員之間的衝突。[19] 當組織內兩個或多個單位、部門要達致的目標或期望不一致時，衝突不一定會出現，但是當發生相互競爭，或彼此努力實現目標時，績效被抵消或成為泡影，衝突便可能會發生；

(3) 制度體系的衝突（system conflict）[20]：當制度體系不協調，或制度失衡，或制度顯得模糊時，衝突便會出現。[21] 及後，其他的研究把衝突分為下面幾類型：

內在衝突

內在的衝突（intrapersonal conflict），僅涉及個人關於自己的思想、情感、想法、價值觀和傾向的矛盾，涉及兩個互相爭競的慾望或目標。當內在掙扎是否應該做這事之際，便會發生這種情況。[22] [23] 例如，決定是否吃有機食品、是否要多做運動（價值觀的衝突）、公司安排了到外地公幹，卻收到爸媽在這段時間從外地回來的通知，難得一聚，應該如何作出安排（忠孝兩難的衝突），或者在工作上非常勤奮，卻拿不到績效評估的優良級別，心情非常納悶（內容的衝突），或者總覺得在工作上比不上別的同事（自尊的衝突）。

人際衝突

人際衝突（interpersonal conflict），是指兩個人之間因不同的意見而導致的緊張狀態，表現為相互依賴的雙方在感知上的分歧和目標實現的干擾，並可能引發負面情緒反應。[24] 人際衝突可以簡單地描述為兩個人之間的衝突，他們不願意或無法滿足彼此的期望。[25] 無論在工作場所、家庭、朋友圈、學校或社會，如果我們在人際關係上缺乏了主導權，或者無法獲得所期待的結果，會很容易引起衝突。這種衝突通常是情感上而非身體上的。但如果情緒變得不穩定，衝突可能會迅速升級，甚至演變為身體上的碰撞。例如，受到同事的公開批評、被心煩意亂的顧客侮辱，因為工作失誤受到上司責備等等。

團體衝突

團隊與團隊間發生衝突（intergroup conflict），通常涉及兩個或幾個競爭群體的利益衝突。[26] 例如，僱主和僱員之間的勞資爭議，包括金錢糾紛或涉及薪酬福利等僱傭條件的糾紛等，跟上面龐迪（Pondy）提及的討價還價的衝突相似。

內容衝突與情緒衝突

另一種分類，是內容衝突[27]（content conflict）與情緒衝突[28]（emotion conflict）。內容衝突的焦點，通常都是爭論哪一方的內容才是正確。所以衝突是基於事實層面的辯論，如果討論的內容回到原來的事實層面，衝突的影響可能將會大大減少。所以，要處理這一類的衝突，首先是停止爭論，收集爭論當中相關的資料，將衝突範圍定性在事實的身上。

情緒衝突是指人的情緒會導致衝突，而衝突又會影響人的情緒。[29] 恐懼是其中一個例子，恐懼可能會引起攻擊性的反應（「戰鬥」），而攻擊會使衝突升級，加劇了情緒的起伏，因為在杏仁核發出了恐懼的警告，壓力荷爾蒙上升，使人瞬間變得警覺，視野變得更窄、更專注。要處理這一類的衝突，「逃跑」是其中之一的方法，恐懼可以幫助人逃跑，避免衝突。此外，通過達成協議來避免災難，幫助我們解決問題或者衝突，是另一個出路。

特別在衝突情況下，培養正向情緒，可以擴大解決問題的能力，如果人在日常訓練中，更多關注負面情緒的出現，並知道它們是人更深層、更積極、有能力的看門人，學會容忍某種程度的負面情緒，並尊重負面情緒是觀念改變的必要組成部分（即使令人不快），隨之而來的便是復原的開始，正面情緒出現後，理智便慢慢接手處理事情。所以，我們需要學習培養堅定的正面情緒，並從負面情緒中獲取建設性的東西，而不是讓它們左右我們。

事件衝突與人物衝突

有一種分類方法，就是把衝突分為事件衝突（task conflict）及人物衝突（person conflict）。[30] 把事件上的衝突和事實的分歧放在理性談判上，這與內容衝突非常相似。當涉及人物上的衝突，對抗往往是與高漲情緒的對抗，這與情緒衝突相似。如果把衝突的焦點分為「內容／事（content/task）」和「情緒／人（emotion/person）」兩類，一般情況下，「事」的衝突對比「人」的衝突會較容易處理。由於人具有主觀性，所以如果衝突的焦點放在「人」身上，衝突或者不同的意見，就很難被公平公正地處理。最理想的情況是可以把「事」和「人」的衝突分別單獨處理。

衝突與差異

人的差異

人的差異，是由於人的際遇、生活環境等不同的因素造成的，關於這一點可以結合第一章的內容來理解。在社會不斷進步的過程中，不同的人會有不同的價值觀、需求、社會背景、文化背景、家庭背景、教育背景、成長過程、工作經驗等等。人與人之間是一定存在差異的，不同的背景導致價值觀和需求的差異。造成差異的因素包括：社會化的過程、文化背景、家庭傳統，教育水準以及經驗的豐富度等；在組織企業中，不同人之間的差異，會影響組織、部門、人與人之間的溝通，對事物會有不同的看法，組織企業需要不同的人在一起工作，發揮更大的營運效果。[31] 以上情況很常見，也普遍成為衝突的誘因。

要處理人的差異性，可以使用的方法如下：

(1) 共同點 [32]：尋找人與人之間的共同點。當找到了大家的共同點，我們以此為契機，再從這一共同點去挖掘大家都認可的意見或者方法去處理問題，這會較容易被大家接受。

(2) 聆聽：除了表達以外，我們也應該要好好學習聆聽。我們在聆聽完不同人的不同意見後，可以仔細思考，或許可以從聆聽到的意見中尋求答案。

(3) 不要把人標籤化：在發展人際關係的過程中，由於人具有不同的背景或經歷，人們可能會有意或無意地帶著不同的目光去看待與自己有著不同特徵的人，或者把有著相同特徵的人劃分為不同的種類或等級。不同的人有不同的個性、不同的優點、不同的價值和不同的想法，我們需要提醒自己，無論在工作或生活當中，要正確地認識身邊的人，與身邊的人和諧相處，不要把人標籤化。

資訊的差異

由於資訊的誤傳和誤會產生資訊的差異，繼而導致衝突。有一些資訊如果被錯過、忽略、誤解、斷層，或者是在傳遞過程中出錯，都有機會導致衝突。比如，忽略或未及時查看重要的郵件、訊息，或者大家談論／瀏覽的不是同一個話題／檔案等情形。又如決策者利用不同的資料庫，也可能出現不同的決定方案或結果。

要處理資訊的差異，可以使用的方法如下：

1. 批判性思維

批判性思維可以開拓人們的思維，讓他們收穫更多的選擇。當人們使用批判性思維去做決定或評價一些與自己想法截然不同的意見時，他們能夠產生更多正面的想法或者可能性。當人們的想法或者提出的解決方案數量增加，他們的思維也就更為開拓，做出的決定更為精確。開拓思維，可以幫助人們從不同角度去理解及解決問題，避免在做決定的時候一意孤行。

在現代生活中，我們需要面對各種各樣的資訊，如果要瀏覽全部資訊，要花費大量的時間及精力，我們需要做好平衡，篩選並吸收有價值的資訊，以免浪費時間和精力去留意無關重要的資訊，造成內耗。

2. 以事實作為判斷的基礎

面對衝突，以事實為原則，包括審查、記錄、測量、分析和監控以獲取事實，並基於事實來作出決定，以解決衝突的問題。

衝突與壓力

每個人都在扮演不同的角色，例如上司、下屬、同事等，他們所站的位置不同，提出意見的角度也會不同。這些不同的角色會帶來不同的壓力，從而導致意見不合和衝突。另外，環境也會誘導壓力。不同環境下，人會有不同的壓力，在不同的壓力下會提出不同的意見，並帶來衝突。

不同角色的壓力

在生活中處於不同的情景或人際關係時，人們扮演的角色也隨之而改變。如果角色之間出現不協調，會導致衝突的發生；常見的衝突情況，是人際關係中的角色與所指派工作的目標和職責的期望不協調，或者同一人在同一時間需要扮演不同角色時，出現分配的問題等。[33 34] 另外，越多互相依賴的人一起合作，就越容易發生衝突，因為參與合作的人越多，往往意味著角色越多也越複雜，需要協調的難度也就更大。因此，我們在充當不同的角色時，需要做好平衡。

環境的壓力

環境誘導壓力主要是由組織所處的環境中，存在的壓力性事件引起的，比如：經濟大環境變得不樂觀，企業需要進行裁員，在人手被削減的情況下，導致留在崗位的職員工作量增加；又或者企業對業務的預算縮減，導致工作對接不順暢等等。[35] 當身體在工作場所感受到壓力時，它會發出信號提示人們壓力產生了，需要引起重視，這對身體來說是一件好事；但是如果人們長期處於壓力狀態下而忽略警示信號，身體有可能會在壓力產生後一段時間內出現問題。在感受到工作壓力的情況下，進行深呼吸可以幫助舒緩壓力。

衝突形成的過程

衝突過程模型是由肯尼思．托馬斯（Kenneth Thomas）[36] 提出的。該模型由四個階段組成：(1) 沮喪；(2) 概念化；(3) 行為；(4) 結果（圖表 14）。

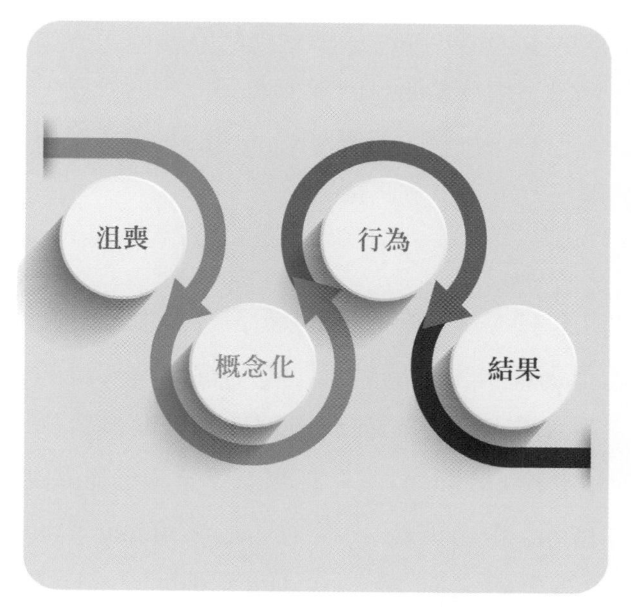

圖表 14：衝突形成的過程 [36]

第一階段：沮喪

當個人或團體在追求目標的過程中感到失落或沮喪（frustration）時，衝突就會產生。這種挫敗感可能是由多種因素造成的，包括對績效目標的不同看法、未能獲得晉升機會、沒有因此而獲得加薪、沒有得到足夠的經濟資源、新的規則或政策改變了早前的設定等。事實上，衝突可以追溯到對與團體或個人相關的所有事情的挫敗感。

第二階段：概念化

概念化（conceptualisation）是把看不到的東西呈現出來，可以用文字、言語、或身體語言讓對方看到內心的感受、思緒，表達看不到的失落或沮喪，試圖了解問題的本質，提出可能採取的策略和解決方案，以解決衝突。

第三階段：行為

通過概念化過程得出來的結果，便要實施其解決的方案。這階段的主要任務是確定如何有效地進行戰略性實施。布萊克（Blake）和木頓（Mouton）[37]和托馬斯[38]建議五種解決模式（圖表 15）：(1) 競爭／抗衡／權力（competition/ countervailing/ power）；(2) 逃避／撤退（avoidance/ withdrawal）；(3) 妥協（compromise）；(4) 包容（accommodation）；(5) 合作（collaboration）。不同的研究人員對這五種解決模式進行確認[39][40][41][42]，對在衝突的處境下了解和應用這些模式起到積極的作用。

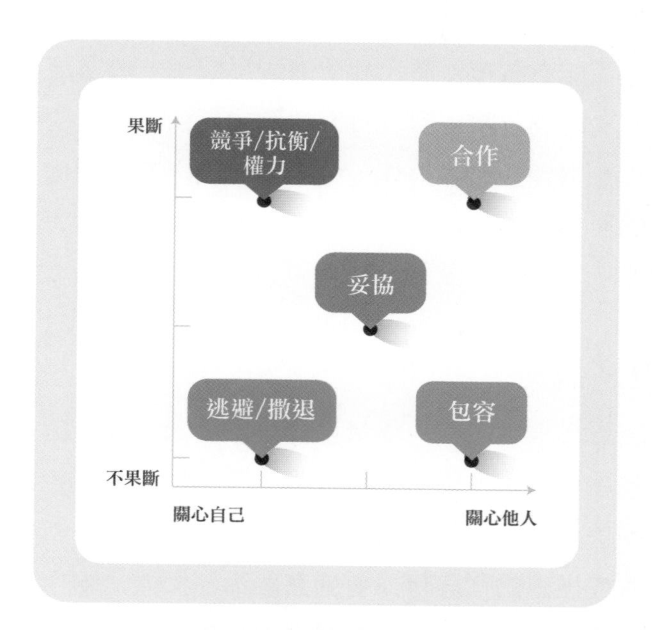

圖表 15：五種解決方式[37][38]

1. 競爭／抗衡／權力

這種方式通常表現出對自己的立場固執己見，強硬要求他人服從自己的意願，不接受他人提出的意見，利用權力、威脅、操作手法以及忽視他方的抱怨。我們的目的是要解決衝突，但如果將競爭衝突中產生的破壞性過程，視為與競爭過程同等，便會把原初要解決衝突的目標，演變為誰勝誰負的局面，而鬥爭的結果往往是雙方都有損失[43]。競爭者會運用脅迫，包括身體、心理或其他行為（例如刻意用力關門、高聲抱怨、低聲哭泣等）去達到目的，在衝突情境中成為一個「勝利者」。不過，被攻擊的一方可能會選擇暫時忍讓，然後反擊，一般可能會形成雙輸的局面。因為攻擊會引發負面情緒的行為反應，使衝突不斷激化，具有傷害性和強迫性，會破壞彼此之間的關係，特別在言語上的暴力，導致無法達到真正的溝通，最終衝突無法真正得到處理。

2. 逃避／撤退

逃避或撤退是最常用的，也是最簡單的衝突處理方法，通過將自己的身體或心靈抽離衝突的情境，避免衝突加劇，暫時維持彼此的關係。這類似鴕鳥心態，消極應對已發生的衝突問題。常見逃避或撤退的代表行為包括甚麼都不去做、不作聲或者離開發生衝突的地點等。例如，在餐廳裡更換座位，或者在排隊買戲票時，遇到有人插隊而不作聲，好像沒有事發生過等，這種處理衝突的方式在職場衝突或家庭糾紛中也較常見，比如雙方發生衝突後，其中一方默不作聲選擇離開衝突範圍或住所、出走一段或長或短的時間等。雖然這種處理衝突的方式，對解決衝突和他方的身心健康都沒有好處，但是有時候堅持立刻處理衝突，又未必會有正面的結果。正所謂「退一步海闊天空」，有時候，不立刻去處理衝突，它可能會自然消失[44]；有時候，需要一段時間冷靜下來，幫助雙方進一步解決衝突。不過，如果常常使用這個方法來處理衝突，是不健康的。[45] 在工作中，如果遇到衝突，上司應當及時進行處理，在管理上，衝突處理的即時性與及時性是非常重要的。

3. 妥協

妥協是指發生衝突的雙方進行談判協商，快速取得一致性意見。衝突的雙方各自可能會做出一定的讓步以達到解決衝突的結果。在做出決策或談判交易時，雙方可能會平衡多種顧慮和利益，所以，在工作場所中，期望能夠專業地解決衝突。在某些情況下，管理層甚至最高管理者可能在當中進行協調和干預，試圖讓衝突雙方互相傾聽或達成解決方案。在妥協過程中，人們感覺自己被傾聽，一般而言，妥協者往往是很好的傾聽者。他們希望聽到其他觀點，以便能夠協商出一個雙方可以接受的解決方案，至少能夠滿足各人的部分需求。當合理的妥協擺在桌面上時，當事人往往會感受到至少曾經被傾聽過、並被認真對待，每個人離開談判桌時，可能會比較正向一些，因為他們曾經努力過，並得到部分需求。妥協常常會使用在組織企業上。[46][47] 職場上要留意使企業陷入危險的妥協提案是不能也不應該被實施的。對不能夠在合理時間內收回合理預期成本的提案，則可能無法達成妥協。有些情況，雖不承擔財政責任的提案也該如此；妥協可能在經濟和法律上是可行的，但由於提案可能會產生長期負面的影響，應避免因「和諧」而取代了共同價值觀，必須從組織企業的長期利益出發來作出考慮和決定。使用妥協來解決衝突，會用上較長的時間。

4. 包容

包容主要是在發生衝突後，順應他人的意願，不拒絕他人提出的意見，即使是無可奈何也不會作出明顯對抗性的行為，經常表現為逆來順受。忽視自己一方的利益來順應管理層的期望，將可能導致雙方皆輸的局面。包容的優點是可以快速地解決衝突，幫助打破僵局，恢復和諧，幫助維持積極的工作關係，而無私的行為可能會贏得其他人的讚賞。不過，包容的缺點，可能會造成權力失衡，尤其在涉及組織企業的重要決策、策略發展或為持份者考慮其利益時，對於合規性和價值觀等堅持，會限制使用包容的方法來解決複雜的衝突問題。

5. 合作

發生衝突的雙方積極尋求解決衝突的創新方法，積極進行合作，使雙方衝突能夠儘快得到妥善的處理，實現雙贏。研究結果顯示高情商的人，在遇到衝突時會更願意尋求合作解決方案。[48] 研究結果也表示在合作的前提下，信任被視為必要的組成部分。[49] [50] [51] [52] [53] 此外，研究發現，信任度或值得信賴是合作首選的個人屬性。[54] 將這些文獻結合在一起，我們發現信任度似乎可以直接適用於合作解決的方案。不過，在現實生活中，特別是在職場和商業社會，信任度的高低會隨著不同的合作夥伴而有變化。

那麼，在信任度減弱的情況下，甚至在沒有信任的情況下，要如何相互合作，並獲得共贏，取得成功？首先，要提高信任度。[55] 隨著時間逐步建立信任，具體實用的建議包括：

(1) 所做的或表現的行為與陳述的內容保持一致。即使你不同意合作方的擔憂，也可以表明理解他的感受 [56]；

(2) 做出微小的讓步，以表明真誠地努力滿足合作者的需求。例如，可以遷就他揀選舉行會議的時間或地點 [57]；

(3) 願意處於次要或暫時的從屬地位，以表明願意攜手合作 [58]；

(4) 表現出對幫助合作夥伴實現他們目標的真正興趣，同時也要實現自己的目標，切勿做出不切實際或令人難以置信的承諾。另外，可以在完成第一階段的協議目標後，逐步提升及更新協議的目標，以便實現所承諾的成功 [59]；

在缺乏信任對方的情況下進行合作，雙方可以依賴一個可信的過程及程序，確認通過這程序，雙方站在一個平等的基礎上解決紛爭。[60] [61]

第四階段：結果

大家努力的目標是雙方需要同意達成滿意的解決方案或結果（outcome），倘若一方感到不滿意或僅感到部分滿意，就會為日後的衝突播下種子。一次未解決的衝突，很容易為第二次衝突埋下伏筆。如果不採取有效行動，就有可能（更準確地說，是必然）很快就會出現新的衝突。

儘管「妥協」（包容）與「合作」這兩個內容比較近似，但是兩者之間還是有區別的。妥協主要是衝突雙方各自退讓以達到雙方勉強接受的結果，並繼續進行後續的活動；而合作更多的是雙方一起協作，找到新的方向或者用創造性的解決方案來處理衝突。

此外，衝突雙方能達成「合作」這一目標固然很好，但是我們不能強求合作的雙贏局面一定可以發生。冰凍三尺，非一日之寒，一些引起衝突的核心問題可能很複雜並且根深蒂固，比如企業文化或者管理層的價值觀、傾向等。所以，在處理衝突的過程中，要根據實際情況來解決問題，不能抱著必須達到雙贏的心態去處理衝突。當衝突確實難以解決時，第三方的中立協助往往能夠幫助雙方有效處理問題。關於解決衝突的方法還可以參考第三章的內容及思路。

分享篇

我的良朋知己——暢所欲言

我喜歡同事表達不同的意見，這樣的工作氛圍對香港品質保證局來說是健康的發展。因為由團隊提出的意見，既有自主性，也比個人的意見更有智慧。當同事的意見與香港品質保證局的管治有重大分歧的時候，我會提議大家彼此沉澱一兩天。對團隊而言，不斷討論和選擇最有效的方案，是最好不過的。

在開會前，我會準備好會議議程，讓大家都知道會議討論的內容，作出充分的準備，減輕因不清楚會議內容而產生的壓力，也減少衝突的可能性。每當要討論重大的政策，會給予同事充分的時間去分析、考慮、討論、認同、修改，然後才制定政策。這樣，當政策推出時，大家已經預早知道，便不會對政策有所懷疑，或有不明白的地方。所以，大家就會專注於如何推行新的政策。

空閒的時候，我會準備一些養生的蔬果汁，讓管理團隊，或者偶遇的同事一起品嚐。這些小休時間，往往讓我們減輕壓力和衝突，從而建立起同事之間的友誼。有時候，我會與同事打招呼並說一句：「辛苦大家了。」這樣的一句問候，會令對方感受到彼此的關心。雖然工作上要付出很多，但因為我們都是為了香港品質保證局的發展而努力，壓力和衝突自然會減少。

我們的彈性工作時間安排可以平衡同事在工作和家庭之間的衝突，讓他們可以處理家庭的緊急事務，同時又不會影響工作，團隊精神在這方面便大派用場了。

在表達意見或提出方案的時候，我總會先解釋背後的原委，從理性的層面，以及對團隊發展的角度，去讓大家理解這些策略性部署的必要性。這樣可以減少不必要的猜測和衝突。我們的發展策略是要不斷栽培第二梯隊的同事，讓他們看見自己事業發展的路線，讓他們能夠逐一實現對事業發展的期望；當同事發現他們的期望和香港品質保證局所安排的有所差距，我會鼓勵他們向直屬主管表達或直接向我提出。作為管理者——香港品質保證局的管家，我會儘快把這些差異處理好，避免內心的衝突影響心情，影響工作。

我們按著共同的價值觀、社會責任、目標為本的原則，把權力下放給各位管理層的同事，讓他們制定自己每年的目標、行動計劃及預算；我們的底線、我們的承諾是為了香港品質保證局百多位同事及其家人的福祉，也為了讓董事局的各董事安心，在互信的基礎上，給予我們更大的信心與支持，繼續發展未來，讓香港品質保證局成為一所可以持續發展，不斷成長，對香港有更大承擔、更有意義的機構。營運的收入和利潤情況，從年終有多少的酌情花紅，同事們大概略知一二，它是一個非常重要的信心指標，而這信心是雙贏的基礎。

遇到和香港品質保證局的共同價值觀有衝突的事情，我們總會先弄清和分析事實。價值觀是我們的基石，如果我們的決定與價值觀背道而馳，那麼我們的理據會在哪裡呢？我們把事實和問題都擺在眼前，讓我們的決定有理據的支持，也保持足夠的透明度，讓所有人都可以了解我們做決定背後的原因。香港品質保證局是一個互相信任的團隊，我們的精神、我們的資源、我們的努力，都只會用在工作上，以避免耗費在沒有意義的衝突上。

銀耳相思鳥一起構築牠們的家園。
（作者林寶興博士 攝）

同步使團隊更有效率。

兩個人總比一個人好，

因為二人勞碌同得美好的果效。

（傳道書四章 9 節）

第八章

領導力和團隊

建立團隊是組織企業發展過程中的一個重要環節，沒有這一環節，團隊就沒有生命力。無論在工作或生活中我們都在建立團隊，比如旅行團、飯局、購物、學習、隊制球賽及志願團體等。我們在本章節討論到的知識，包括領導力，可以應用於不同的活動，並幫助我們建立團隊。

團隊

團隊（team）的定義[1]：團隊是由一群互相依賴、達至共同目標的人組成的[2]。團隊以人為主，是兩個或以上的人聚集在一起，目的是為了達成共同的目標。比如一個去旅遊的家庭就是一個團隊（至少有兩人，有共同目的地）。所以，團隊有兩個重要的標誌，一個是人數，一個是有共同的目標。在同一組織企業工作的成員，雖然名義上是組織的員工，但是如果都沒有共同的目標，這就不能稱之為一個團隊。團隊成員的技能通常可以互補，並且通過調配成員發揮團隊最大優勢，強化個體的不足，從而令整個團隊產生取長補短的整合效應。

除了上述提及的要素，團隊還有一個重要的角色——領袖。領袖「是一個有計劃並正在朝著某個目標前進的人」[3][4]，領袖在團隊中發揮領導的重要功能，其中包括了前幾章提及共同目標的重要性和如何達成目標有效性。戴維斯（Davis）將領導力定性為「動態的能力，以促進、激勵和協調組織去實現其目標」。[5] 這個描述似乎是一種普遍存在於不同文化中的人類現象。

鵝群遷徙——團隊的比喻

幾乎所有種類的鵝群都是自然遷徙的，它們經常從北極、亞北極和苔原繁殖地向南進行長途遷徙。鵝群在遷徙過程中會形成一個「人」字形（或「V」）或線形隊列，其中，「人」字形的頭部是飛行在隊伍最前頭的鵝，當它們疲倦時，會與後面的鵝交換位置，並且會成群結隊地穿越不同地區。在自然界中，這種鵝群成群結隊遷徙的現象非常有趣，它也為我們提供了團隊建立的啟迪。

鵝群是一個高效的團隊，因為它們以「人」字形的編隊飛行，這樣會大大減少能量消耗。此外，這種群體的飛行模式，使得每一隻鵝都可以輕鬆地跟蹤群體中的其他成員，有助於團隊內部的溝通和協調[6]。成員之間互相依賴，共同遷徙，效率要比單獨遷徙更高。

團隊工作的好處

現今開發新產品面臨複雜性及更短暫的生命週期，團隊必須充分合作[7]，才可達成目標。此外，團隊的互動可以促進創意，有助產生更佳的觀點和更好的決策。[8]不同的團隊成員可以提供多角度、不同的意見，為決策帶來更豐富更完整的參考意見。下面是團隊一起工作時的好處：

(1) 團隊有更高品質的輸出[9]；

(2) 加強主動權使團隊成員更為投入[10]；

(3) 當個人在團隊工作時，會感受到團隊中的群體壓力，這種壓力可以令個人更加投入工作，從散漫變得自律[11]；

(4) 團隊成員能夠在團隊工作中獲得更多新的知識，實施新意念的可行性更高。比如可以在其他團隊成員的身上了解到新的構思、方法、意見和經驗等等[12]；

(5) 拓寬溝通的渠道[13]；

(6) 在團隊中分享資訊，加強對別人想法的理解[14]，以及互相學習的機會，都有助於提升個人實力；

(7) 團隊工作可以幫助個人察覺和了解自己及他人的弱項，從而取長補短。[15]

團隊建立的訓練

一般來說，在訓練期間，學員人數越多的小組，其表現會較理想。[16]過去關於互動記憶的研究指出，在學習過程中的溝通（包括回憶過程中的反思），顯著地影響集體回憶[17][18]，當他們處於相同交流條件下，在學習過程中不斷進行溝通，其學習的有效性會因溝通而加強。所以，溝通可以對互動記憶系統中的學習和回憶知識的方式產生重要影響。而且，一起訓練的團隊成員，其表現會明顯地優於分開接受訓練的成員，主要的原因是因為團隊互動記憶系統的發展[19]，而不只是由於團隊成員之間溝通的改善所致。因此，團隊建立（team building）的訓練，會幫助組織企業不同的部門，在團隊訓練後，其工作有更好的表現。

領導力

在當今不斷變化的政經和營商環境中，組織和企業面臨激烈競爭。我們常聽到很多偉大的領導者在商界和政經界中如何迅速扭轉局面[20][21][22][23]的感人故事。這些故事激勵著研究人員去尋找成功領導力的秘訣。大量的證據表明，領導力是組織績效和成功的關鍵所在。[24][25][26][27][28]

轉化型領導力與交易型領導力

二十世紀，社會科學家開始有系統地研究甚麼是領導力。在過去的幾十年裡，研究學者們投入了巨大的精力進行研究[29][30][31][32][33]，並高度關注轉化型領導力（transformational leadership）和交易型領導力（transactional leadership）的行為。

波德薩科夫、麥肯齊等人（Podsakoff, Mackenzie, etal.）提出轉化型領導力[34][35]的六個維度，包括「闡明願景」（articulating a vision）、「提供適當的模範」（providing an appropriate model）、「促進接受團體的目標」（fostering the acceptance of group goals）、「高績效期望」（high performance expectations）、「提供個別人性化的支援」（providing individualized support）和「提供智力上的啟發」（providing intellectual stimulation）。前三個維度組成一種因素，稱為「核心轉化型領導行為」因素。組織在內在和外在的因素影響下，需要不斷生存求變。如果組織企業想要有效地運作，唯一的方法就是達成一致的目標和價值觀。轉化型領導力的領導者的願景和目標會影響追隨者的行為，在轉化型領導與追隨者彼此交換意見的過程中，追隨者會被轉化型領導影響他們的價值觀，以及未來的使命和目標。轉化型領導以身作則，以生命改變生命，從而令到追隨者接受其價值觀和目標，並在行為上作出改變。

轉化型領導力能夠贏得追隨者對領導者的信任、欽佩、忠誠和尊重，並且激發他們的潛能和動力，促使他們能夠完成比最初預期更多的事情。[36] 轉化型領導力的領導者通過讓追隨者更加意識到任務結果的重要性來改變他們。[37] 另一種形式的領導力表現為交易性，是與追隨者作出交換，以獎勵來滿足追隨者的需求和期望，以換取他們的忠誠和承諾。[38][39][40]

研究顯示：從對改善追隨者的努力和成果，包括工作的動機和績效[41][42][43][44][45][46]；增強追隨者的積極性、滿意度和組織行為等以實現期望和目標[47]，以及從增強追隨者的任務績效（task performance）等方面來看[48][49][50][51][52]；轉化型領導力比交易型領導力更為高效。這兩種領導力雖然不同，但是，也不是完全相互排斥的[53]，有效的領導可能會結合運用這兩種領導力。[54]

組織企業如今更加關注情境績效（contextual performance）。[55] 他們使用績效評估作為衡量工具來評估追隨者的情境績效，這有助於提高完成技術核心工作的動力和社會動機。[56] 雖然轉化型領導和交易型領導都與任務績效相關，但是只有轉化型領導力會影響追隨者的情境績效，包括工作責任心（job conscientiousness）、堅持（persisting）、志願服務（volunteering）和合作（cooperating）、職場上的人際公民績效（interpersonal citizenship performance）和組織公民績效（organizational citizenship）[57]，而交易型領導力則不能影響。研究說明了轉化型領導力既影響追隨者的任務績效，又能影響情境績效，擁有較強轉化型領導力的領導者能夠激發追隨者做更多的事情，對他們的情境表現產生積極影響，為企業組織帶來正面的績效。轉化型領導力，也通過信任（trust）和程序正義（procedural justice）間接地影響情境績效。[58]

伯納德・巴斯（Bernard Bass）認為[59]，轉化型領導力影響追隨者在工作態度上的轉變，包括價值觀、情感、道德、標準和長期目標。轉化型領導為追隨者帶來更高的承諾，激勵員工超越自己的視野，產生對團隊目標和使命的認同感和接受態度。為了集體的利益，轉化型領導作出更高的承諾，而追隨者提高自身的能力，共同帶來額外的努力和更高的生產力，以實現組織目標。轉化型領導也提升追隨者的情境績效。

僕人領導力

「僕人和領導這兩種角色可以同時存在於同一個真實的人身上嗎？無論是他／她的地位還是為了甚麼原因而扮演僕人。如果確實如此，這個人在現實世界中可以做出成績嗎？」對於這兩個問題，羅伯特．格林利夫（Greenleaf）都回答了「是」。[60] 他在 1977 年提出僕人領袖的概念[61]，這種風格不是通過傳統由上而下的結構來建立領袖權威，而是通過服侍追隨者，滿足團隊和組織企業的內在需求和期望，鼓勵跟隨者不斷持續發展，終生學習，從而對團隊和組織企業產生最大的影響力。[62][63]

僕人領導力（servant leadership）與轉化型領導力在兩個方面有不同的特徵[64]：(1) 僕人領袖更多關注追隨者和社會相關者的需求，鼓勵追隨者為服務社區作出貢獻；(2) 僕人領袖鼓勵追隨者提升道德及其推理能力，培養追隨者成為另一位的僕人領袖。僕人領導力的維度（dimensions）包括：概念技能（conceptual skills）、賦權（empowering）、幫助下屬成長並取得成功（helping subordinates grow and succeed）、把下屬放在第一位（putting subordinates first）、行為符合道德（behaving ethically）、情感療愈（emotional healing）、為社會創造價值（creating value for the community）。[65] 研究發現，僕人領導力與轉化型領導力在維度上呈現中至強度的相關性，這表明它們在概念上有一定程度的相似性。其原因可能是它們的維度內容有相似的地方。如果我們了解僕人領導力的根源，對如何在管理上應用它有很大的幫助。

僕人領導力根源於二千多年前的主耶穌基督，祂的一生就是一個最好的榜樣。[66] 祂的教導是要服侍他人，為人捨命：「……[43] 你們中間誰願為大，就要作你們的用人；[44] 在你們中間誰願為首，就要作眾人的僕人。[45] 因為人子來，並不是要受人的服事，乃是要服事人，並且要捨命作多人的贖價。」（馬可福音 10：43-45）此外，在聖經中記述主耶穌洗完了使徒的腳，就穿上衣服，又坐下，對他們說：「[12] 我為你們所做的，你們明白嗎？，[13] 你們稱呼我老師，稱呼我主，你們說的不錯，我本來就是。[14] 我是你們的主，你們的老師，尚且洗你們的腳，你們也應當彼此洗腳。[15] 我給你們作了榜樣，為要你們照著我為你們所做的去做。[67]」（約翰福音 13：12-15）祂為門徒洗腳時，就展現了這種領導才能。祂這樣做，是為他們樹立榜樣。主耶穌基督不單單吩咐祂的門徒去學那個模樣，而是要他們憑著祂的生命去作，降卑以及真心的愛弟兄姊妹，進入合一裡，這都不是人所能承擔得來的，只有主耶穌基督在生命裡面推動，人才會樂意這樣做。體貼自己、愛面子的、不顧念別人等等，都是人的天性和薄弱的一面；人可以忍受別人受損害，而不能忍受自己有損失。當主耶穌基督的生命在人裡面發動時，人內在的阻力會減退，人就能夠真正以僕人的身份去服務他人。

在應用上，僕人領袖賦予員工權力並促進他們在工作上取得發展；僕人領袖以謙遜、誠實、接納和管家的身份（不是上司的身份）待人接物，並提供指導。信任是僕人領袖用來鼓勵員工自我實現，提高績效和積極的工作態度，承擔組織企業對社會的可持續性及推動企業對社會責任的重要手段。[68] 羅伯特·格林利夫回答了一個有趣的問題：「為甚麼管理的思維會受到限制？」他認為：管理人員的思維是受到其工作上，首要任務的限制，也就是說，每時每刻要立即完成工作，並保持機構的日常運轉。[69] 僕人領袖需要時間跟員工相處並循序漸進地幫助跟隨者成長，這是現今管理上的另一個不容易處理和需要面對的問題。

領導團隊

領導團隊，需要注意下面幾個重要的因素：

(1) 發展信譽和影響力：發展信譽和影響力，需要領導者言出必行，及時兌現曾經作出的承諾。領導者說的話需要具有影響力，如果團隊內所有成員或者大多數成員對領導者所說的話無動於衷、置之不理，則表明這個領導者不能發揮出其領導作用。

(2) 建立激勵的願景和目標：團隊需要建立一個共同的願景和目標，團隊的領導者應該要給團隊一個清晰一致的目標。由於每個個體的目標都是多樣性的，團隊領導者應當具備能夠影響團隊成員達成目標一致的能力。舉反例，團隊要去旅遊，而成員期望的出遊目的地不一致，團隊內部因此出現紛爭及抱怨的情況，此時領導者需要發揮作用，確保團隊成員對旅遊目的地的選擇達成一致，從而順利實現團隊的共同目標。

(3) 建立可信度：建立領導者的可信度，可以從以下幾個方面著手：a. 展現誠信，言出必行。[70] 言出必行是領導者建立可信度的黃金法則，領導者如果在現階段沒有足夠的信心兌現某些承諾，可以暫緩對團隊成員作出承諾。此外，在團隊當中，領導者在展現誠信時要恰到好處，令團隊成員信服；b. 明確發展的方向。領導者要清晰明確地表示發展的方向和要準備的工作範疇。

(4) 積極的思維：保持積極思維[71]，十足的幹勁，能使個人和團隊的表現更好。可以參考前面有關個人思維的章節。

(5) 公平公正，聽取不同的聲音：團隊在工作過程中，會遇到一些限制或困難，在面對這些困難時，領導者要公平地對待和尊重團隊內各個成員，聆聽大家在面對困難時可能持有的不同意見[72]，接納、分析、討論、完善不同的方案，從而建立一個互信的環境空間。

(6) 管理分歧：在團隊成員出現意見分歧的時候，應重視並管理好可能帶來的衝突。有關內容可參考之前的章節。

(7) 鼓勵和指導：鼓勵和指導團隊成員，成為最高效率團隊的領袖，有關的內容可參考之前的章節。

(8) 分享資訊和知識：72 項獨立研究的薈萃分析（meta-analysis）結果，證明了信息共享對團隊績效、凝聚力、決策滿意度和知識整合的重要性。在日新月異的資訊時代，領導需要與時俱進，不斷學習，並且與團隊成員分享知識與資訊。[73]

(9) 自我管理的團隊：自我管理的團隊往往會提高生產率。[74]

建立團隊

於 1965 年，布魯斯·塔克曼（Bruce W Tuckman）研究了 50 篇文獻，提出團隊發展過程的四個階段。[75]

第一個階段被稱為「測試和依賴」（testing and dependence），團隊的活動發展為「任務導向」（orientation to the task）。研究發現，在此階段，這種新的、非結構化的團隊中，團隊成員嘗試尋找和識別哪些人際行為是大家可以接受的，並向一個或多個團隊成員尋求指導和支持，亦會嘗試按照任務有關的參數，決定需要哪一些信息，如何獲取這些信息，以及使用團隊經驗來完成任務。另外，團隊成員會尋找個人的定位及其他細節。

第二階段被稱為「團隊內部衝突」（intra-group conflict），團隊的活動發展為「對任務要求的情緒反應」（emotional response to task demands），各團隊成員表達了各自的個性，彼此產生不同意或敵意的行為，作為抗衡這個新成立的團隊的一種手段。兩極化或不平衡的互動、內訌和人際關係的矛盾，會在這階段出現。當個人的理解及取向，與任務的要求出現差異時，各團隊成員的情緒反應成為了這一階段的特徵。不過，如果小組成員從事非個人或智力任務的話，情緒反應的差異將不會那麼明顯。所以，不同領域所造成差異的根源往往是不一樣的。

第三個階段被稱為「團隊凝聚力的發展」（development of group cohesion）。

團隊的活動發展為「交流對相關任務的理解」（exchange of relevant interpretations），團隊成員接受了團隊和其他的成員，團隊亦開始成為一個有意思的實體，主要的改變來自於成員之間的互相接納，以及希望團隊繼續發展的意願。為了避免衝突，團隊會形成運作的規範，漸漸出現和諧的關係。這都是為了確保團隊的持續存在和發展。

第四個階段被稱為「功能角色互補」（functional role-relatedness），這個階段會有解決方案的出現（emergence of solutions）。由於早前在第三個階段已經建立好團隊，團隊成員已經擔當不同的角色，團隊能夠增強其執行任務的角色功能，每個角色在功能上相互補充，利用有關的工具，團隊可以針對問題提出解決方案。由一個成長的團隊提出的解決方案，通常是透過成員之間的互相交流，更具體，更深入和更有建設性地討論而產生的。團隊將精力投放到任務中，使解決方案更加理智和客觀。

其後的十年內，學者們對團隊建立進行了各種研究，其中比較有代表性的是布拉滕（Braaten）[76] 的模型。布拉滕審視了 14 個模型後得出結論：「團隊發展」應該分為四個階段：包括 (1)「形成階段」（forming stage）；(2)「暴風階段」（storming stage）；(3)「執行階段」（performing stage），包含了「規範階段」（norming stage）階段在內，和 (4)「終止階段」（adjourning stage）。

塔克曼在 1977 年再次檢視 22 項有關「團隊發展」的研究，其中包括布拉滕的模型，塔克曼同意布拉滕的見解，認為「終止階段」是團隊建立的其中一環，視其為完成團隊的目標或任務的一部分，把「團隊發展」分為五個階段：(1)「形成階段」；(2)「暴風階段」；(3)「規範階段」；(4)「執行階段」；(5)「終止階段」[77]。

發展團隊

下面是塔克曼發展團隊的五個階段，如圖表 16 表示，分別是形成階段、暴風階段、規範階段、執行階段及終止階段。

圖表 16：團隊發展的五個階段 [77]

1. 形成階段

「形成階段」是指團隊的成立初期，建立團隊內各個成員的團隊意識。團隊成員普遍表現得積極和有禮貌，團隊內開始有共同的目標和角色分工。此階段的領導者會扮演主導角色，制定使命和目標、團隊的基本規則、增建架構以及鼓勵分享。

2. 暴風階段

在團隊成立一段時間後，開始出現「暴風階段」，這階段的特徵是衝突。此時團隊成員的角色分工已經清晰明確，但不同團隊成員可能會對某些事件或者項目，持有不同的見解或意見，這會導致團隊內出現較多的衝突發生。在此階段，團隊領導者及成員需要細心傾聽各個成員提出的意見，考慮新的願景和選擇，以開放包容的態度處理衝突，讓不同的衝突及意見變成推動力；在衝突發生後，他們需要嘗試作出公平公正的調解、協商和仲裁，要求衝突各方從多角度思考及看待問題。而在團隊中作為關係建立者的角色成員，應當以鼓勵的方式來提升團隊的表現。

3. 規範階段

「規範階段」的特徵是合作。在此階段團隊成員之間已經形成共同的行為規範、價值觀，並能自覺地遵守一些大家同意的規則，甚至有共同的工作方法；對於團隊的目標有著堅定的承諾。

此時需要特別注意的是，團隊要避免墮入群體思維的陷阱——團隊主導的思維，如果團隊的群體思維太過強烈，可能會窒礙新思維、新方法、新觀點，使團隊失去創造力。

4. 執行階段

經歷了前三個階段後，團隊進入第四個階段，即「執行階段」。這個階段的特徵是生產力。在這個階段，團隊是一個具有積極工作氛圍和具有共同願景的高效率工作單位。團隊成員通常表現主動且知識豐富，可以在工作中不斷前進，達到目標。此階段的團隊表現會超出正常水準和平均值。

5. 終止階段

第五階段是「終止階段」，也是團隊發展的最後一個重要的階段，這階段的特徵是分離。團隊在此時已完成團隊的目標或任務，團隊成員都會獲得成就感。在此階段，團隊至少會收到一個通知，標誌著項目的結束，之後可能會舉辦慶祝活動，比如聚餐等，來具體表明項目的完成，團隊在終止階段解散。

在現實的職場上，組織企業會經常組建團隊，因為，團隊會因著項目的完成、更新或轉換企業的營運方向而變化。每當團隊面對這些情況時，團隊成員都會進入不同的階段。團隊的發展，不會因為等待所有成員都準備好才進入另一個接續的階段。有時，當其他團隊成員已經進入「執行階段」時，新成員可能會加入。對新成員來說，他或她進入了團隊建立的第一個階段，亦會很快發現自我和團隊有不同意見，在面對可能幾個階段的特徵行為都出現時——包括向其他團隊成員學習、或對抗、或分享等，要在短時間內經歷最初的幾個階段，並與其他成員保持一致是一件不容易的事。從團隊的角度來看，一個團隊可能很樂意進入規範或執行階段，但新成員的加入可能會迫使他們重新進入暴風階段。因此，如果能夠在團隊建立時提供一些因團隊成員流動性較高的指導方針或指引，將有助於團隊儘快進入「執行階段」，恢復團隊的表現。

團隊與目標

目標管理是一種營運上的策略，管理人員考慮各營運功能去制定公司的目標，由不同的部門和團隊成員，策劃執行方案，實現這些目標。彼得．德魯克（Peter Drucker, 1909-2005）在他的 *The Practice of Management*《管理實踐》一書中，首次闡明了 Management by Objectives（MBO）的過程，其中他描述了管理者將組織目標轉化為較小任務的方法。[78]

團隊制定目標的方法：SMART 及其演變

很多文章提及團隊制定目標的方法，其中一個方法，是以「S、M、A、R、T」（SMART Goals）[79] 五個要點為基礎，包括「Specific」（具體的）、「Measurable」（可量度的）、「Aligned」（一致的）、「Realistic」（可實現的）、「Time-bound」（有時限的）。按照羅伯特．魯賓（Robert S. Rubin）的研究 [80]，「最常見的（大約 10 個站點）SMART 目標表述為：Specific（具體）、Measurable（可衡量）、Attainable（可實現）、Relevant and Time-bound（相關和有時限）。」然而，除了這些表述之外，

SMART 目標還有其他的表述，這些表述存在相當大的差異，例如：

S 可以代表「Simple」（簡單）、「Specific」（具體）、「with a Stretch」（有延伸性）……

M 可以代表「Meaningful」（有意義）、「Motivating」（勵志）……

A 可以代表「Acceptable」（可接受的）、「Achievable」（可實現的），「Action-oriented」（以行動為導向的）……

R 可以代表「Realistic」（現實的）、「Reviewable」（可審查的）、「Relative」（相對的）……

T 可以代表「Timelines」（時限）、「Time-frame」（時間框架）、「Time-stamped」（時間戳），「Tangible」（有形）、「Timely」（及時）、「Time-based」（基於時間）、「Time-specific」（特定時間）……

很多學校、顧問、管理者或多或少都聽過，甚至應用過不同版本的 SMART 目標設定工具，它的特徵是非常簡單，易於記憶，是一種簡化目標設定的原則。

不過，亦有學者點出它的缺點，包括：SMART 的縮寫不是基於科學理論、與經驗證據不一致、沒有考慮應用在設定甚麼類型的目標、沒有一致地應用、缺乏詳細指導、混亂和不一致[81]。

讓我們尋找 SMART 目標的原型是怎樣的，是從何而產生的，它最初的樣貌又是怎樣的。1981 年，喬治．多蘭（George T. Doran）在一篇文獻中[82] 提出建議，即在編寫有效的目標時，公司高層管理人員和主管可以使用「SMART」這個縮寫詞，幫助制定目標。在理想情況下，每一間公司、每一個部門的目標都應該是這樣：

S　代表 Specific（具體）：針對特定領域進行改進。

M　代表 Measurable（可衡量的）：數量或至少表明進展的指標。

A　代表 Assignable（可分配）：指定由誰來做。

R　代表 Realistic state（現實）：在指定可使用資源的情況下，實際可以實現甚麼結果。

T　代表 Time-related-specify（指定時間的相關）：指定何時可以取得結果。

我們不知道，也相信很難知道，為甚麼 SMART 的含義在後來發生了變化。可能是人們在職場使用了 SMART 目標之後，發現了需要稍微改變其含義，以應對業務或營運的需求。因此，SMART 的演變在沒有太多的研究基礎下便已經改變了模樣。雖然它沒有太多的研究基礎，而且仍然在變化和被使用中，卻得到一般普通管理人員的持續應用。然而，正如羅伯特．魯賓意識到，「畢竟 SMART 的部分價值在於它讓人們專注於設定目標的行為，也可以促使人們與其他人討論這些目標——這本身就是價值了。[83]」

工作目標的難易程度會影響工作表現[84]，且工作表現隨著目標難度的增加而變得越來越好。（團隊的目標在工作當中被分為五種情況：(i) 沒有設置既定目標；(ii) 已設定較容易達到的目標；(iii) 已設定難度一般的目標；(iv) 已設定較困難達到的目標及 (v) 已設定非常困難達到的目標）。

團隊與遠大的目標

除了上述的一些短期目標外，我們也需要設定長期或者遠大的目標。設定遠大的目標的意義在於能夠讓團隊在完成某個項目後，收穫一個非凡的、與眾不同的、超出常規的，達到預期理想的目標結果，能夠檢視團隊或團隊成員是否能在設定遠大的目標的工作過程中收穫達標。

《可能的項目》（*Project Possible*）是一部關於尼泊爾人寧斯·普爾加（Nirmal Purja 或 Nims）對登山的熱誠的紀錄片，該片講述了他在 7 個月內攀爬 14 座海拔超過 8000 米山峰的真人真事。世界上有 14 座最高的山峰，每座海拔都超過 8000 公尺，包括 (1) 珠穆朗瑪峰（Everest）高 8848 公尺，(2) K2 高 8611 公尺，(3) 干城章嘉峰高 8586 公尺等 14 座山峰。在登山歷史上，只有極少數人登上了全部 14 座 8000 公尺以上的高山。第一位是萊因霍爾德·梅斯納（Reinhold Messner），他花了 16 年的時間才完成這項成就。另一位是韓國登山者金昌浩，他用了 7 年零 310 天完成了同樣的紀錄。寧斯・普爾加計劃在 7 個月內登上全部 14 座 8000 公尺以上的山峰，而他在 2019 年只用了 6 個月零 6 天完成這「可能的項目」。[85][86]

木村秋則受到福岡正信所著的《自然農法》的啟發，開始以無農藥的方式栽種蘋果。1971 年婚後，他繼承妻子的家業，開始種植蘋果。由於妻子對農藥嚴重過敏，他便參考《自然農法》一書，開始減少使用農藥的次數。蘋果的產量有所下降，不過收入還可以。從 1978 年開始，木村得到家人的支持，不再使用農藥，而是使用無肥料的方法來種蘋果樹。第一年蘋果樹葉開始變黃，繼而樹葉全部掉下。第二年、第三年⋯⋯蘋果樹不開花，果園裡到處都是害蟲，導致蘋果毫無收成。到了接近第八年，木村面對無法收成的果園，為了維持家計，不得不出外打工。在絕望中，他獨自前往深山，竟然看到了山上樹葉茂密的蘋果樹。他發現，讓蘋果樹健康生長的關鍵在於土壤：因為無人清理落葉，落葉在天然地腐壞後提供土壤足夠的養分，讓蘋果樹充滿生命力。木村的堅持使他在第九年看到開了滿山花的蘋果樹，他以無農藥栽種蘋果為目標，終於迎來豐厚的成果。[87]

亨利・福特（Henry Ford）的目標是使汽車工業大眾化，使他的工人能夠在 1920 年代買得起汽車。[88] 他開發出新的設計和製造方法，成功將汽車價格降低到普通工人也能承受的範圍，讓更多的人能夠享受汽車的便利，也推動了汽車工業的發展。日本第一位女企業家林文子，到三十一歲才轉業，進入以男性為主的汽車銷售行業，她定下目標成為一位頂尖銷售員。新入行的她只用了一個月左右的時間，便成為陳列室第一名的銷售員，並在之後的十年裡保持頂尖汽車銷售員的地位。[89] 井深大（Masaru Ibuka）的目標是幫助索尼（Sony）克服 1960 年代和 1970 年代日本產品的形象 [90]，最終他使索尼把「日本製造」的形象由廉價的模仿品提升為低成本、高質量的代名詞。

這些真人真事讓我們重新思考組織企業設定更高、更遠大目標的必要性，在幫助組織和工作人員努力實現這些目標的同時，我們也邀請有志之士加入團隊，一同攜手以及幫助員工攀上高峰。

分享篇

建立團隊

企業的發展必須由不同的團隊來營運，這些團隊就像人體中的不同器官，各自發揮著不同的功能。然而他們又由不同的細胞組成，這些細胞也發揮著他們獨特的功能。每一個組織都有不同的功能，這些功能都承載著不同的目標。因此，在考慮建立以目標為導向的組織時，我們需要確定哪些團隊是必要的。我們可以從目標管理、策略制定，以至付運的全過程來繪製出企業的功能流程，以及達成目標的可分解的手段。

如果每個企業組織的總目標可以被分解成為多個團隊目標，那麼每個團隊就像一個獨立運作的單元，可以承擔中短期目標的制定、策劃戰略發展以及執行方案。好處是每一個團隊都擁有較大的自由度和自主權，可以靈活地處理團隊內部事務，責任明確，有利於培養各個階層的管理人員，以及組織需要的第二第三梯隊管理、業務、付運和後勤人員。然而，這樣的團隊需要注意的地方是每個團隊的負責人必須對組織忠誠，並承擔責任。此外，由於不同的團隊分散了集中的資源，企業組織在計算總人力資源時，可能會比中央管理的模式需要更多資源。

那麼如何建立團隊？從零開始的時候，團隊文化的建立是首要的，也就是說，管理階層需要訂立共同目標，建立不同功能的隊伍。這種團隊文化可以通過不同的管理活動或有策略性的團隊活動培養出來，潛移默化地讓管理階層認同團隊在知識層面的重要性，並將這種認識應用到日常工作中。香港品質保證局管理團隊的特點是忠誠和流動性非常低。

坊間有不同的團隊建立管理活動，可以作為參考，但是，最有效的相信是透過團隊建立的活動，把這本書提及的管理原則加以應用，而不是為了一些口號而推行「建立團隊」，或是引入缺乏管理理念的管理活動來建立團隊。

作為領袖，必須要有清晰的願景，當時機成熟時，就要爭取各領導階層的同意，強化不同的組織功能，培養領導能力。這文化將會成為組織行為的標準和典範，配合領袖的風範，以目標為導向，設立分層的目標，不斷完善過程管理，以及應用前幾章所提及的管理技巧，團隊建立便可水到渠成。

一群候鳥朝著同一目標進發。（作者林寶興博士 攝）

彈性工作環境
是新常態的標誌。

不要效法這個世界，只要心意更新而變化，
叫你們察驗何為　神的善良、純全、可喜悅的旨意。

（羅馬書十二章 2 節）

第九章
迎向未來成功之路

每個人從小到大都會遇上不少挑戰。在各業界中，客戶經常遇到很多在業務、營運、規管、客服、資訊科技和財務行政等方面的挑戰，這些挑戰會為組織企業帶來機遇，亦帶來變化。為了客戶新的需求和更高的期望，組織企業在技術領域、卓越服務、產品品質、低碳新能源、ESG、可持續發展等領域要與時並進，甚至要在求變中站在領導地位。當客戶的期望未能得到滿足，或出現替代時，客戶便會容易流失，因此組織企業不得不未雨綢繆。每個人都需要面對各種變化，包括生活、工作、身體狀況、環境以及經濟週期的變化等。面對挑戰，迎向未來，是每個組織企業、每個人心中的期盼。對於從事管理工作的人來說，在面對改變時，正向思維十分重要，如前幾章提及的，起到積極的作用。此外，在這競爭激烈的營商環境中，需要不斷地面對各方面的改變，有甚麼可以幫助我們邁向成功之路呢？在本章中，我們將認識到現今改變的步伐驚人，學習和實踐改變的歷程，提出遠大的目標，大膽的構思，讓團隊認同；我們還將探討如何把改變的內容制度化，邁向成功。

改變的步伐

科特（Kotter）於 1995 年在《哈佛商業評論》發表了八個推動改變的步驟。[1] 他發現，大多數重大改變的舉措，無論是旨在提高質量、改善文化，還是扭轉企業死亡，都只會結果慘淡，甚至可能失敗落幕，結論是管理者沒有意識到改變是一個過程，而不是一件事件。麥克斯韋（Maxwell）提倡改變思維可以改變人生，塑造出能夠創造偉大事業的人。[2] 在 1951 年，推動改變理論的其中一位重要研究學者勒溫（Lewin），提出由開始改變到結束的三個階段：解凍（unfreezing）、改變（changing）和重新凝結（refreezing）。[3] 建議改變過程必須循序漸進，如果第一個階段未有成效，不能夠隨便進入第二個階段。領導者儘量在第一個階段之前，建立「緊迫感」，在心中建構組織的長遠目標，好好計劃如何推進組織未來的改變藍圖，為組織的未來鋪路，並常常提醒團隊「危機感」的必要性，在組織還未碰上威脅和遇到機遇之前，要打好面對改變的基石——不斷學習和提升先進的技術，走在世界的前端。

科技突破性的基因測序

以基因（下稱 DNA[4]）為例，DNA 的圖譜和測序研究一直都在不斷發展中，處理 DNA 測序的時間亦變得越來越快。人類基因組[5]（genome）計劃（Human Genome Project, HGP）花費了 27 億美元和大約 15 年的時間才對第一個人類基因組進行了測序。斯坦福大學的科學家領導了一項研究，創造了最快 DNA 測序技術（DNA sequencing technique）的首個健力士世界紀錄，該技術僅用了 5 小時 2 分鐘即可對人類基因組進行測序。[6] 於 2015 年，人類基因組測序的成本約為 2001 年的 0.0014%（於 2001 年，基因組測序的費用是 USD 95,263,072；於 2015 年，其費用只需 USD 1245[7]）；並且只需要數小時而不是數年。

我們能夠從 DNA 的發展情況中看到，DNA 檢測的發展在不斷變化，並且比以往的檢測費用更便宜，向著檢測時間更快更短的方向發展，這樣就可以更迅速地幫助病人找到基因組，找到病變的根源。在 2022 年 4 月，超過一百位科學家聯名刊登了一篇名為《人類基因組的完整序列》（*The Complete Sequence of a Human Genome*）[8] 的文獻，在最後一段的結論中提到：[9]「……比過去 20 年來發布的任何基因組的參考版多出 8%……這 8% 的基因組被忽視並不是因為它們不重要，而是因為技術的限制。高精度『長讀的長測序』（long-read sequencing）最終消除了這一技術障礙……我們期望，這將為未來人類的基因組健康和危疾研究帶來重大發現。因為此類疾病的研究，必然需要完整且準確的人類參考基因組作對照。」從 DNA 的研究發展和變化，可以看到「改變」給予我們更多正面的影響。「改變」在我們的生命及生活中無處不在，科技上的突破同時為我們帶來希望和困境：希望在於我們很快就能夠預防和醫治危疾，所以變化發生也不完全是一件壞事；而科技帶來的困境，在於它可能會讓人類操控或改變自然的事情發生，從而引發道德上的爭議和不安，所以，在面對改變挑戰的同時，領袖需要考慮前面章節所提及的價值觀。

人類活動驅使的氣候變化

按聯合國的定義[10]，「氣候變化（climate change）是指溫度和天氣模式的長期變化。」太陽活動或大型火山噴發，這是自然的變化。但自 1800 年代以來，人類活動驅使極端的氣候出現[11]，這變化的主要成因是大氣中溫室氣體（green house gas, GHG）增多，而這些容易吸收太陽輻射的氣體，讓太陽的熱能保留在地球中，導致全球變暖。溫室氣體來源於煤炭、石油和天然氣等化石燃料的燃燒，或者由畜牧業的牛、羊等動物產生。[12][13] 現在地球表面的平均溫度比 1800 年代末（工業革命之前）高約 1.1°C[14]，比過去 10 萬年中的任何時候都高。過去十年（2011-2020）是有記錄以來最熱的十年[15]，過去四十年的溫度都比 1880 年以來的任何一個十年都要高（圖表 17）。[16] 氣候變化造成的後果[17]，包括嚴重乾旱、水資源短缺、嚴重火災、海平面上升、洪水、極地冰層融化、災難性風暴和生物多樣性下降等。

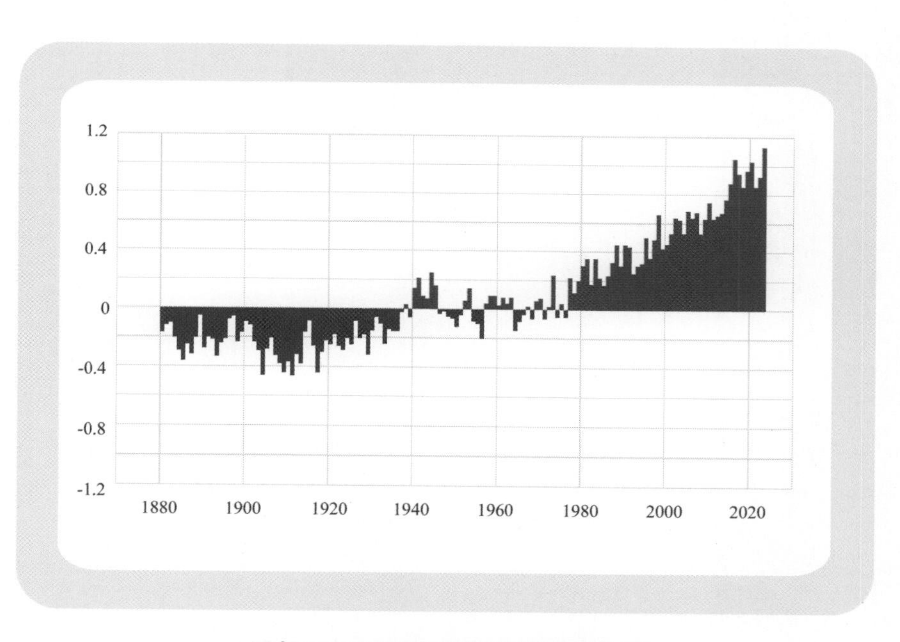

圖表 17：1880 至 2022 年全球平均溫差[18]
（藍色表示氣溫低於平均的年份；紅色表示氣溫高於平均的年份。）

香港年平均氣溫每十年上升 0.14℃。由 1993 至 2022 年，平均每十年上升 0.28℃（圖表 18）。

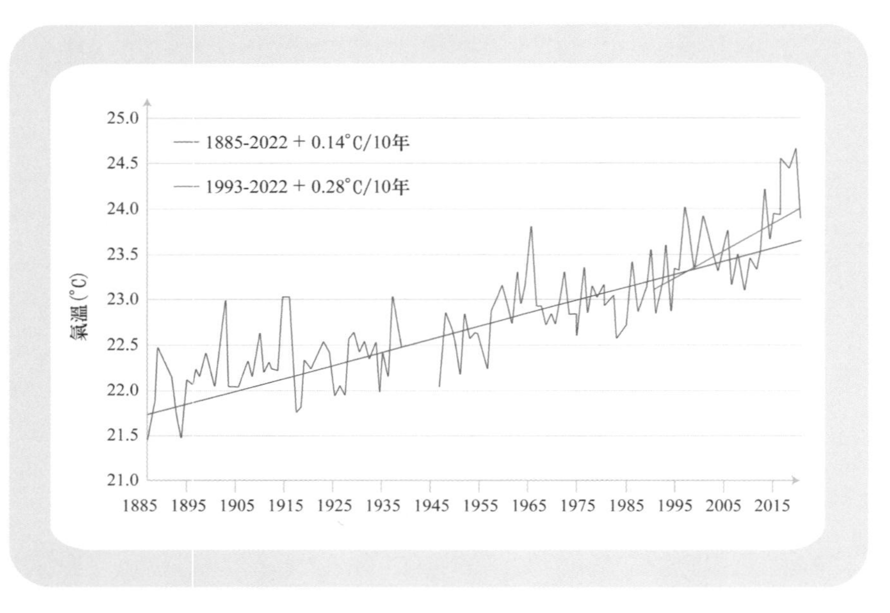

圖表 18：香港天文台總部記錄的年平均氣溫（1885-2022）（沒有 1940 年至 1946 年的數據）[19]

自 1901 至 1930 年間，香港夏季的平均氣溫介乎於 26.8 至 28.4 度之間（圖表 19 藍柱）。自 1986 至 2015 年間，夏季平均氣溫上升至介乎 27.8 至 29.4 度之間（圖表 19 紅柱）。這些統計數字清晰地表明，近百年間，香港夏季的平均氣溫大約上升了一度。在 2015 年香港夏季（六月至八月）更錄得了自 1884 年以來的最高紀錄，平均氣溫達到了 29.4 度。

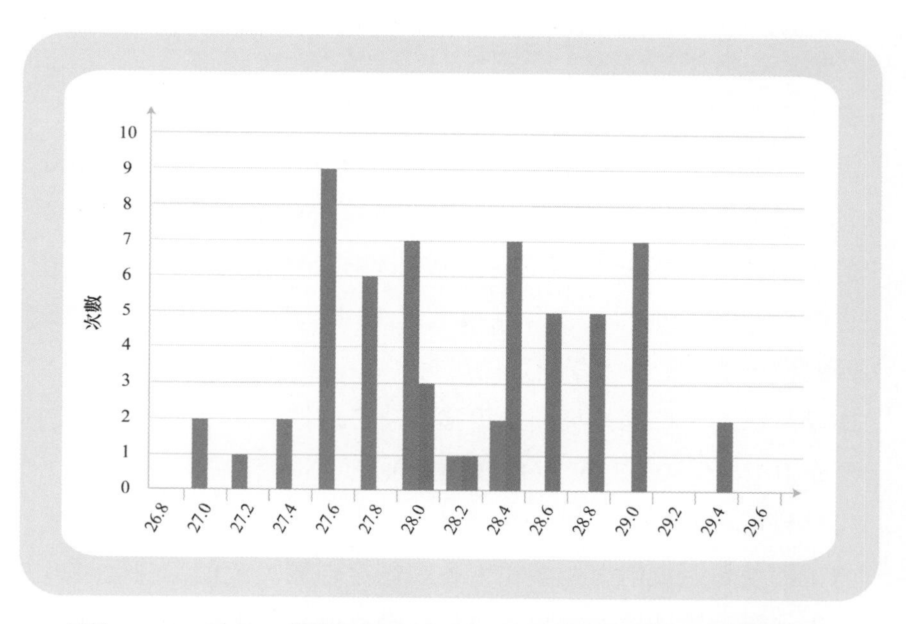

圖表 19：1901 至 1930（藍柱）及 1986 至 2015（紅柱）年間夏季平均氣溫分佈 [20]

我們的社會、經濟、組織企業都在進步，這些變化帶來了生活上的改善，也帶來了困境。我們唯一的家——地球，正面臨著氣溫逐漸升高的趨勢。未來夏季的氣溫可能會持續創新高，我們選擇眼睜睜看著它發生，還是選擇作出正面的改變呢？

癱瘓全球經濟的瘟疫

從圖表 20 中，我們注意到 2020 年的世界貿易量的趨勢突然下滑[21]，新冠（COVID-19）大流行在全球蔓延；截至 2023 年 8 月 9 日，全球已向世衛組織報告了 769,369,823 宗確診新冠病例，其中 6,954,336 宗死亡。[22] 按照世衛組織的數據，全球死亡病例比為 0.939%。全球共接種了 13,492,225,267 劑疫苗。按照約翰·霍普金斯大學統計的數據[23]，截至 2023 年 3 月 10 日，中國、法國、德國、英國及美國的死亡病例（由小至大），分別是 101,056、166,176、168,935、220,721、388,521 及 1,123,836，可見疫情十分嚴峻。由於各國受多重衝擊，為全球經濟帶來壓力，即使新冠疫情有所緩和，各國恢復通關，全球走向復常，但很多經濟數據預測世界貿易仍然繼續低迷。例如，世界商品貿易量繼 2022 年增長 2.7% 之後，預計 2023 年增長只有 1.7%，低於 2022 年的增速。[24] 此外，2022 年 8 月份能源價格與去年同比，上漲 78%，食品價格上漲 11%，穀物價格上漲 15%，化肥價格上漲 60%。[25]

戰爭影響和利息攀升帶來不穩定

受戰爭影響、通脹居高不下、貨幣政策收緊、利息攀升以及金融市場不確定性等因素影響，營商環境面臨著諸多挑戰。作為組織企業的領袖，我們應如何面對改變，帶領團隊繼續前行，應對這些突如其來的挑戰？

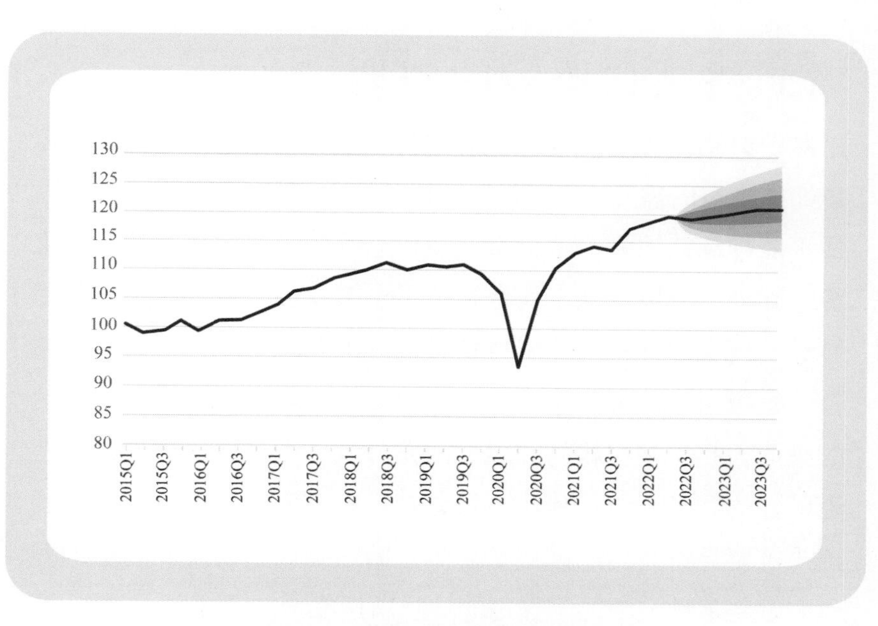

圖表 20：2015Q1-2023Q3 的世界貿易量 [21]

改變的歷程

看到挑戰和改變的需要

組織企業猶如身體，有各樣的需要，從一些健康的指標，便可以知道身體的需要。盈利是一個極重要的指標，因為沒有利潤，便不能夠維持組織企業正常的運作，例如發放薪酬，營運開支等。此外，環境保護、社會責任、企業管治、規管法規、業務發展、技術提升、人才培育和儲備等，都是組織企業的重要考量。組織企業需要改變嗎？首先要釐清複雜的情形，了解事情的來龍去脈，把複雜的問題或困難分解、細化為具體問題或者階段性的問題[26][27]，其次，領導者在看到變化時，也要看到契機，需要蒐集有用的關鍵信息，定睛在營商環境及其趨勢的變化，做到不被氾濫的、無用的信息所擾亂。

繪畫願景和構思期望的結果

推動改變，是一種自我的管理。[28] 領導者從全局的角度看到企業的願景、近期和遠期的目標，看到問題的焦點，看到市場的關注和新產品與服務的需求，看到新產品和服務給客戶帶來的價值。如前所述，在改變之前是先看到、先描繪出組織企業未來的藍圖，就好像畫家在空白的畫布上落筆前，構思和佈局已然在心中；又好像音樂家在五線譜上寫下音符前，創作的旋律已然在心中；又好像攝影師在按下快門前，選取的景物或人物已然在心中。

團隊中，領導者有一個必須具備的能力，就是描繪願景，即展示一個具有甚麼特性、發揮甚麼功能的團隊，能夠完成甚麼項目或工作以達到甚麼效果的情景。

領導者在表達願景時，所表達的內容中應當包含著領導者由衷的熱誠、團隊的價值觀、未來的發展方向，包括產品的發展方向、預見目標、或者改變的可能性、培養團隊成員能夠堅持和忍耐，遵守一些團隊行為準則，以及願意為這個願景而努力工作等。最後亦是最重要的一點，是要表達出正向思想和行為。

以香港品質保證局為例：在創立時，我們只提供一些認證標準，但是時至今天，我們仍堅守著共同價值觀——成長（growth）、誠信（integrity）、公正（fairness）、喜樂團隊（team with joy）和社會責任（social responsibility）；在建立一間非一般組織的旅程中，我們未來要完成的事情是其他同規模的公司所不能及的。根據上述這些特性和價值觀，我們又訂立了一系列的目標作為年度的指標和發展的方向。

訂立長期和短期目標、描述並寫下問題

改變必須要有一個正確的方向，有一個要達成的目標，否則改變不會發生。不是為改變而改變，必須要有其目的，以期望作為前提。推動改變，可以結合短期目標（proximal goals）和長期目標（distal goals），及組織企業自我調整的過程。[29]組織企業需要肩負起要完成短期目標的人員，因為能夠自我完成短期目標任務的人，能力顯著高於只關注長期目標的人。[30]也就是說，要看到遠處，同樣也要看到近處的樣貌。然而，在某些情況下，短期目標可能無法提高組織企業績效，其主要的原因是完成短期目標是一個極高的要求，可能會導致員工將注意力轉移到與長期目標或一些與目標無關的活動上，這無助解決問題。[31]為了完成短期目標，我們可以使用小贏策略[32]，即細化短期目標，在獲得成就感的同時，可以建立團隊的信心，並不斷完善達標的過程。

在《誰搬走了我的乳酪》[33]的故事當中，「乳酪」代表我們生命中最想得到的東西，比如：工作、健康、人際關係、金錢、財產、心靈的寧靜等，它也代表組織企業的利潤、成長和發展、員工的專業發展、社會責任、股東權益、ESG、員工的歸屬感、職安健等組織企業期望。「迷宮」代表我們追尋東西的地方，比如你所服務的機構、本土或海外的業務市場。故事中的角色是兩隻老鼠：好鼻鼠和飛腿鼠，及小矮人猶豫和哈哈。他們每天如常到特定區域C區中取乳酪，發現C區裡的乳酪越變越小，最終有一天，乳酪不見了。面對突如其來的改變，老鼠及

小矮人的反應截然不同。好鼻鼠及飛腿鼠發現每天找到的乳酪變得越來越小片，心理上早有準備：既然 C 區的情況已經發生改變了，我們便要隨機應變。於是牠們揚起鼻子，在迷宮裡到處奔走，經過一番努力後，在別處尋找到新乳酪。然而，小矮人一直猶豫不決，無法接受奶酪消失的事實，並不斷抱怨現狀的不公平，鬱鬱寡歡，怨天尤人。變化總是在不停發生，若不能預測變化、密切關注變化、迅速適應變化，做出相應改變，他們只會原地踏步，永遠無法找到新的機遇。

另外一個例子，揭示了引入產品開發目標以及不斷進行改變是必需的。新相機總是令人興奮，隨著科技的進步和發展，無反光鏡相機大行其道，正在改變攝影行業。自 2009 年無反光鏡相機面世以來，不同品牌不斷改進無反光鏡相機的技術，這些改進帶來了很多積極的影響，例如流暢的自動對焦、更加方便快捷的視頻拍攝體驗，超高清的規格，以及增強的拍攝功能等。然而，與此同時，單鏡反光鏡相機的市場地位正在逐漸減弱，很可能會成為一個夕陽的行業。

此外，建築界也在不斷發生變化。目前其中一個熱門話題是 MIC（Modular Integrated Construction）——模塊化集成建築方式。其方式是在預製工廠製造獨立式集成模塊，包括飾面、固定裝置和配件，然後運輸到工地，在現場組裝在建築物中。銀行界、金融企業、上市公司無不關注監管機構對 ESG/ISSB 的要求，作出適時的信息披露，以便更好地履行其職責並承擔更多社會責任。

與改變做個好鄰舍

抗拒改變是一個普遍的現象。人們抗拒組織上的改變，其原因有很多[34]，包括缺乏互信、認為改變是不必要的、認為改變是行不通的、受到經濟的威脅、改變的成本高、看重個人的失得、對失敗的恐懼、擔心地位和權力不保、價值觀和看法不一樣等。[35] 人在面對改變的時候，往往會存在一些排斥的情緒。改變可以帶來正面及負面兩個方面的影響。正面改變會令人的身心更健康，而負面改變常常會令人出現情緒或者身體上的問題。

我們要與改變做個好鄰舍嗎？好鄰舍是怎樣理解的呢？它不是「各家自掃門前雪，休管他人瓦上霜」。[36] 只去做對自己有益的改變，不去做自己不喜歡的、沒有益處的改變，這不是一個好鄰舍。當你擁抱改變，並因此為社會、組織企業、員工、甚至員工的家庭帶來福祉，這便是一個好鄰舍。多走一步，過了一段時間，回頭一看，是不是已經走了很遠，離開目標又近了一些呢？

建立認同感

既然目標可以提升績效，改變又可以是我們的鄰舍，那麼，我們要如何開展呢？其中一個可以參考的方法，就是建立認同感。有效的領導者可以讓組織企業的員工認同願景和目標——一個企業和員工的共同願景、共同目標，更要為員工提供一個賦予使命感的長期目標來激勵他們。此外，組織企業的存亡，影響著員工是否可以繼續擁有一份工作。組織企業可以有兩個生存的方式，一是尋求發展，另一個是不求發展，領導者可以讓員工深入去思考這個課題，員工可以選擇發展的道路，以求增加利潤、增加職位、增加上游的機會；還是選擇不發展的道路——減少利潤、減少職位、沒有晉升的空間。領導者可以引導員工建立對組織企業更多的認同感，幫助員工獲得更多發展機會。以下幾個例子及故事，說明了改變對個人與團隊的積極影響。

力克・胡哲的故事

第一章提及過力克・胡哲（Nick Vujicic）的故事。力克天生就是沒有雙臂、雙腿，在生活中需要面對各種各樣的困難，他一直採取正面積極的態度去面對困難，改變人生。現在的他，已經成為一個在生活上完全可以自理，在工作中與人為善，在婚姻中幸福美滿的成功人士。擁有更多正面的思維，幫助其他人重拾信心。

林文子的故事

林文子的故事是面對改變的另一個好的例子。[37] 她於 1946 年出生於東京，畢業於都立青山高等學校，31 歲時進入本田汽車銷售中心任職銷售，而當時女性汽車業務銷售員是十分罕見的。進入本田公司後，她的目標是要成為頂尖的銷售員，因此拜讀了豐田汽車頂尖銷售員的書籍，她在一個月後便成為公司排名第一的銷售員，平均一個月賣出七八輛車。在她成為銷售員的第一年，共賣出八十輛新車，其中有一個月最多賣出十七輛車，一天最多賣出五輛，隨後的工作，她一年最多賣出一百四十五輛新車。她曾分別於 BMW 汽車公司、福特（Ford）汽車公司、大榮（Daiei 株式會社）等企業任職總裁的職位。2009 年 8 月 30 日開始，林文子任職橫浜市市長，並在 2013 年及 2017 年繼續當選連任。

她有願景，有清晰的近期和長期目標，能看到機遇，也看到需要的改變。不懂如何賣車，她就去請教前輩和同事；遭到他們的忽視後，她就去拜讀曾經是頂尖的銷售員分享如何推銷或銷售的書，以此來汲取經驗。她為自己訂立目標：一天拜訪一百戶人家。在拜訪客戶期間，與他們建立了鄰舍、朋友的關係，在不斷變化的營商環境中成為客戶的好鄰舍。她選擇發展的道路，找準機遇，與上司、同事建立認同感。在進行改變之前，我們需要預先做好準備以應對改變。

團隊的狀態

領導者需要深知團隊的個性和能力，在團隊面對經濟市場帶來的挑戰時，確保團隊處於一個合適的狀態，領導者不應美化營商環境，反該步步為營，在帶領團隊走出寒冬的每一天，都要賦予團隊正能量，同時需要準確判定團隊成員的心理狀態，了解團隊在面對挑戰時的氛圍，是否對期望的結果起了動搖？堅持的信念有否減退？領導者需要帶著體諒、包容、寬恕和感恩的心，同時也要始終堅持團隊達成目標。改變可能會對團隊的各個成員帶來不舒服、不適應，甚至是不想堅持的感覺，而人在這情況下，需要被關愛和獲得重建。因此，領導者需要建立正面的氛圍。推進改變時，領導者可以容許錯誤的發生，並在溝通的時候要更多使用與正面相關的字眼。比如：把「我不能」替換為「我能」，把「如果」替換為「我將」，把「我不認為」替換為「我知道」，把「我沒有時間」替換為「我會拿出時間」，把「我害怕」替換為「我嘗試」等等。正面思維不單影響個人，還會影響整個團隊，領導者需要把事實通過正面的訊息傳遞給團隊成員。[38 39]

領導者要告訴團隊成員他們有甚麼強項和能力，也要告訴其他人，我們的團隊成員有何強項和能力，這樣可以起到鼓勵團隊成員的作用。我們可以在適當的時候表揚團隊成員，讓更多人知道團隊的優點和能力，這比要求團隊努力克服弱點更能解決問題。我們亦要懂得如何在不同的項目中配搭隊員，讓他們各盡其長，有所發揮。

產生承諾

建立認同感和保持團隊的狀態是為了讓團隊產生承諾。人努力工作不一定單單為了獲取報酬，有時候是出於喜好。那麼，承諾對組織企業是甚麼意思呢？邁耶和艾倫（Meyer & Allen）認為承諾是聚焦在情感上（affective commitment）[40]，即員工對組織的情感依附、認同和參與。研究人員把承諾分為情感承諾（affective commitment）和道德承諾（moral commitment）。[41] 情感承諾是通過忠誠、感情、溫暖、歸屬感、喜愛、幸福、快樂等感覺建立，心理上依附著所屬的組織。道德承諾是通過內在認同組織的目標、價值觀和使命，在心理上依附於所屬的組織。另一個研究認為組織承諾（organizational commitment）是個人對組織的心理依附，個人內在認同或接受組織的特徵或觀點。圖裡・維爾塔寧（Turi Virtanen）總結了承諾是「作為對自己所屬組織做出不同方式的承諾[42]」。從這些定義我們可以理解到，員工對組織從建立認同感到產生承諾，其關係十分密切而且順理成章。因此，組織的目標、價值觀、使命、組織的個性和特徵，包括感情、溫暖、歸屬感、喜愛、幸福感就變得十分重要。分享一個我常用的例子：每一個孩子剛出生時，父母給他／她起了一個名字，這個名字在當時無法讓人聯想起孩子的個性，但過了十年或二十年，當大家提及這孩子的名字時，都會對這孩子的性情、處事的價值觀等了然於心。組織企業也是一樣，讓員工認同組織企業，孕育出承諾。承諾是相互作用的。在實際工作中，領導者在與下屬或團隊成員溝通時需要注意，對團隊或特定成員的承諾必須言出必行，這才能讓團隊成員積極配合，共同努力，達成一些目標，逐步實現組織的最終願景，並對組織作出更大的承諾。[43]

把改變制度化

制度化的意思是轉換團隊認同、已經改變且有效的做法，成為常規的制度。關於制度化的概念，可以參考勒溫（Lewin）改變理論中的第三個階段：重新凝結（refreezing）。[44] 我們用冰雪解凍的過程來解釋制度化的改變：第一步，解凍階段（unfreezing stage），摒棄以往固化的概念、思維和包袱；第二步，改變階段（changing stage），討論和溝通需要進行改變的內容，例如我們為甚麼要改變？應該要如何進行改變？改變的方式和途徑是甚麼？第三步，重新凝結階段（refreezing stage），確定最終的改變後，把改變的結果轉化為制度，讓組織企業的員工學習和熟悉新的程序，使第二步所做的修改在組織的日常活動中規範化，獲得認同並且有效地執行。重新凝結是確保改變得以持續，讓員工在接受新現狀的同時，防止他們回到以前沒有效果、有害的或舊的方法中。組織可以採用非正式或正式機制來凝結和維持新的改變，確保整個組織完全接受新常態。除了以建立體系來完成這階段外，也可考慮提供獎勵以強化新狀態；收集員工的意見並予以跟進；修正組織架構、文化或政策，以配合和支持強化改變後新的工作方式；提供員工培訓和支持，讓員工感到舒適，消除疑慮。

改變制度化的過程可能會很慢，因為員工需要一定的時間去適應新的制度或程序。一些研究的結果顯示[45]，改變模式有四個階段：否認、憤怒、哀悼和適應。最後適應的階段，便是接受改變，適應新的過程並繼續工作和生活。每個人對不同階段的反應不一，持續的時間和嚴重程度的差異可能很大，有些人甚至會陷入中間階段而不能進入第三階段。作為推進改變的領導者，必須學會忍耐，並以樂於助人的心，正面幫助整個組織的蛻變。

書籍 *Passages in Caregiving: Turning Chaos into Confidence* 寫道[46]：「我不能再做下去了……去尋求協助吧！試想一想，社區中有一些可能是你不為意的資源，你的身邊是否已經有等待你去聯繫的支援團隊……但最重要的，是你必須開始每天照顧好自己。至少每天抽出一小時來做一些能讓你感到快樂和提神的事情。散散步、和朋友喝咖啡……」在工作中也是如此，我們也需要注重員工的情感疏導和心理狀態。通過與員工共同參加團隊活動、午餐聚會、體育賽事以及團隊旅行等方式，可以增強團隊凝聚力，提高員工的工作積極性和滿意度。作為領導者，我們需要關注員工的情緒變化，了解他們的需求和困惑，並採取有效措施幫助他們疏導情緒。同時，我們也需要鼓勵員工保持樂觀的態度，幫助他們建立自信，從而更好地面對工作中的挑戰，邁向成功。

分享篇

需要改變嗎？

有些企業可能業務不理想，需要改革營銷的部門和策略。有些企業品質欠佳，可能需要在生產過程上求變。有些企業利潤不如理想，可能在開源節流上求突破。又或者，有些企業業務不錯，有理想的盈利，在利好的營商環境下，應對產能不足，供應跟不上市場的需求，可能已經無暇求變，那麼，有甚麼管理之道，能讓組織企業穩中求變革呢？

孫子兵法第八篇——《九變篇》：「故將通於九變之利者，知用兵矣；將不通於九變之利者，雖知地形，不能得地之利者矣。治兵不知九變之術，雖知五利，不能得人之用矣。」有關「變」的看法，孫子多少給予我們一些啓示。領袖在不利的環境下，是否可以看到市場的脈搏，看到有利於組織企業的條件？在有利的條件下，組織企業是否可以看到危機和不利的因素，以便未雨綢繆，解除潛在的風險和將會來臨的困局？孫子兵法第五篇——《兵勢篇》：「凡戰者，以正合，以奇勝。故善出奇者，無窮如天地，不竭如江海。」孫子雖然只提出正面交戰和奇兵制勝兩種戰略，但是其中變化無窮無盡。像「五音」，只有宮、商、角、徵、羽，卻可以創作出千變萬化的優美旋律。又如紅綠藍三原色，可以組合成看不完的色彩，還有「五味」可以調和至嘗不盡的各種美食。孫子的戰略是思維的變革，變化的內涵是怎樣演變而誕生呢？這種戰略的思維和創意的實踐，是基於解決問題的能力。解決問題的能力，在之前的章節已有討論，我不在此重複這些基礎的理論和實踐。我們嘗試去探求很多人都在討論的問題，但是要找出原因就不那麼容易了，是戰略出了問題？還是業務人員的問題？是誰要負這個責任？如果要解決業務成績不理想，又從何開始？

我們嘗試看一些例子，幫助我們容易理解。

有一下雨天，在小巴站旁邊有一家小店舖，它門前的雨傘都被買光了。在下雨的時候，總有些人沒有帶雨傘，買雨傘來遮風擋雨是當時下車的人的需要，這就是很多業務人員都會常常提及的「要知道客戶的痛點」。天有不測風雲，每當不是雨季的時候，賣雨傘的生意便不那麼順利了。如果該店舖有專門售賣雨傘的業務人員，而銷售雨傘的成績又不理想的時候，我們會問：是銷售人員能力的問題？是銷售雨傘策略出現問題？還是店舖地點的問題？又或是雨傘本身的品質問題？如果是與天時地利人和有關，那麼，銷售雨傘的業務人員，只能夠「望天打卦」，看著天氣做人了。

我喜歡和同事討論一個問題：「客戶為甚麼要採購我們的服務？」作為策略營銷的主管，把這個問題弄得清清楚楚，是一個好的開始。用另一句說話去表達，就是「有甚麼吸引力，讓客戶購買產品。」此外，我們還需要回答另外一個更深層次的問題：「有沒有客觀的條件，去讓客戶考慮購買這產品呢？」甚麼是客觀的條件？就是在一個好的形勢下，客戶會因為這個形勢而自主地考慮購買這個產品。這個客觀或主觀上的條件，就是要尋找、創造、改變或形成有利的「條件」，孫子稱之為「勢」（形勢）。作為領袖，要追求、建構並形成有利的形勢，而不只是苛求（業務）人員執行職務。我的意思並不否認人員能力的重要性，也不是否認對人員的能力要有一定的要求。作為領袖，要善於創造「形勢」，形成有利的「形勢」，選擇和配置適當和有能力的人才，並在有利於自己和已經形成的「形勢」上，發展重要的戰略。「形勢」就好像山坡向下的地勢，我們要轉動的石頭，如果它們處於平坦的地上，就需要很大的力氣才能夠讓它們滾動。但是處於斜坡上的石頭，便會輕鬆地滾動起來，而且在越陡峭的山坡上，石頭往下衝的速度會極為迅猛。

從這角度來看，領袖必須掌握組織企業的營商環境中，短期發展所面對的利與弊，啓動新思維以發展其「形勢」，發展突破性的產品和服務，為企業帶來無窮盡的業務空間和發展的可能。所以在變革的背後，其目的不單是要讓企業避免處於不能逆轉的處境，而是所採用的手段和方法能夠看見、預計企業的將來，根據天時地利，審時度勢，作出前瞻性的改變。領袖需要脫離「決定恐懼症」，敢於嘗試和創新，這些例子不勝枚舉，希望大家可以舉一反三。就如畫家在心中的作品；音樂家在腦海中的旋律；企業家對未來願景及發展的藍圖。現在的社會，有不少有能力的人才、尖端的科技和龐大的資金，領袖要掌握業務上的發展，掌握產品和服務的特性以解決客戶的痛點，滿足客戶的需求，在帶領組織企業發展的基礎上，勇於改變現狀，引領市場，超越現今產品的功能和特性，在追求合理回報的同時，擁抱改變，迎向未來成功之路。

改變可以參照、借鑒、學習組織企業各團隊成功的個案，或上司、前輩、同事的一些優秀或高效的做法，認真地思考當中的技巧，做好改變的準備。

紅嘴鷗在水面展翅，準備起飛。（作者林寶興博士 攝）

常常帶著感恩的心。

這些事都已聽見了，總意就是敬畏　神，
謹守祂的誡命，這是人所當盡的本分。
（傳道書十二章 13 節）

第十章
結語篇

產品有生命周期，組織企業也有周期表現。誠然，天有不測之風雲，經濟環境也有高低起伏；在經濟不景氣的時候，我們應該帶領組織企業發揮所長，突圍而出呢？還是以現今社會常聽到的「躺平」態度，被動地等待機會降臨呢？

在我的辦公桌上，放了一張與名譽主席伍達倫博士的合照，旁邊寫著：「成功常在艱辛日，失敗每當得意時。」所謂三分耕耘七分收穫，這句話道出了智者對努力的看法，亦啓導人們以積極的態度，應對低谷逆境，克服種種挑戰。

這一章是分享篇，當中談及的不是同事們如何執行工作，而是我怎樣可以幫上忙，協助大家解決問題，向目標邁進。我常常告訴管理團隊，雖然我不能夠影響整個世界或社會，但是我可以盡力影響和幫助身邊的同事。我們就好像一家人一樣，分擔份內的工作和責任，持守企業及個人的價值觀，努力工作，與團隊同行；好像一點燭光，它不能夠照亮所有的地方，但是，可以帶給每個人對未來的盼望。

感恩

我在香港品質保證局工作踏入第三十年，自擔任總裁一職，已經歷了二十個春節。這個家庭是歷屆董事局和同事們一起共同建立的，是核心管理團隊攜手努力的成果。有三件事情，讓我感到恩惠：

第一，是天上的父親一直帶領和眷顧，讓我們秉承共同的價值觀，為社會做一些有意義的事情：成立「HKQAA 企業社區支援基金」（BCS Fund），舉辦「理想家園」活動，讓莘莘學子藉著徵文繪畫等比賽，從小把環保、關愛共融、可持續發展等理念放進心中，締造每位學生的理想家園。我們曾探訪老人院，提供大學獎學金，支持科研項目，舉辦各類型研討會，與工商業界分享國際關注的議題。我們的服務本身就是社會責任，在新冠疫情發生時，推出「醫用防護口罩產品認證」等計劃。其他對社會有裨益的服務包括「無障礙管理體系認證」計劃、「社會責任指數」、「安老服務管理認證」計劃、聯合國的「清潔發展機制（CDM）」項目的審定及核查服務、「綠色和可持續金融認證」計劃等。

第二，很多員工在香港品質保證局這個大家庭服務了超過十年，二十年，甚至三十年，團隊的努力和忠誠可見一斑。在這三十年裡我們也做出了一些成績來，除了發展香港、上海、廣州、西安及澳門的業務外，為配合大灣區的發展，我們在深圳福田區開設了子公司，並且在香港、上海、廣州、西安自置寫字樓物業，讓員工對我們在內地的發展充滿信心。組織企業的核心在於一個忠心和有凝聚力的團隊，在新冠疫情三年期間，封城措施令員工出行十分困難，但是各地的團隊仍然堅守崗位，不離不棄，以不同的戰略和解決方案來應對各種困難，例如網上提供有限度的評審服務，在家工作，不扣減工資，大家一起找尋口罩的供應商、一起分享不足夠的藥物、一起承擔各同事家庭的需要、提供金錢資助幫助員工應對新冠後遺症、供應所有同事所需的口罩和藥物、提供血含氧量的儀器及額外工資補貼等，並且取得了各方面的成果，實在令人感動和恩惠。

第三，多年來業務和營運表現平穩上升，讓歷屆和現屆主席、副主席、董事局成員和同事們安心。我想特別感謝創會主席羅肇強博士、名譽主席伍達倫博士、莫國和工程師、盧偉國議員博士工程師、主席何志誠工程師、副主席黃家和先生及林健榮測量師，以及各董事局成員多年來的帥領。我們不單只是上司下屬的關係，更是多年的好朋友；能得到他們的支持和信賴，實在感激不已。

「彩燈高照年年喜樂天恩如甘露，春日祥和歲歲平安惠澤似霖霖」是在 2023 年春節為香港品質保證局寫的對聯，並藉此送上對各位同事的祝福和關懷。「彩燈高照」是一年開始的新氣象；「春日祥和」是對春回大地、社會共融、家人和諧的期盼；「年年喜樂」及「歲歲平安」，是對每位同事及其家人的祝福，祝願他們歡欣雀躍、常常擁抱著喜樂和平安；「天恩如甘露」與「惠澤似霖霖」，是我們每個人的心願：盼望所有同事得到的是「天恩」和「惠澤」，得到的如「甘露」和「霡霂」。一起共事三十個年頭，感恩不盡。

同行

管理，是我的工作重點之一。其中尤為關鍵的是挑選「對」的人加入管理團隊。在我剛開始擔任這個職位時，我用了很長時間去建立團隊。建立團隊與建立關係密不可分。我常常提醒自己，要與核心管理團隊「同行」，「同行」可以增進彼此的認識，建立互信；「同行」可以作深入的討論，探求更有效的方法，並建立默契；「同行」可以提供有效的支援，取長補短。記得在某一年年會晚宴的開場演講中，我對同事們這樣說：「如果香港品質保證局取得了一些成果，那麼這些成果都是屬於所有的員工及核心管理團隊的；如果我們的成就不菲，那麼，我對這個成就可能也有一些的貢獻。當我們的業績不理想時，我想，這個責任必然由我來承擔。」2018 年是董事局主席盧偉國議員博士工程師任內的最後一年，我們的總收入超過以往多年的紀錄，業務持續增長，這是所有員工和管理團隊的努力成果。「同行」三十年，來跟我說三道四的員工十分少，因為「同行」就是把我們的精力放在工作上，「同行」要分開是非與問責，其性質上是有不同的；我們的團隊會「承擔責任」，但似乎「是非」並不屬於我們的團隊。

「同行」也是指與董事局的緊密聯繫。在接任之初，我參考了上市公司的法例要求，建議使用嚴謹的企業管治政策作為董事局的管治框架，成為上下彼此分工和溝通的橋樑。另外，「同行」要用「光」照耀著每位同事，讓人人都覺得安心。所以，我們採用了透明的匯報機制，與團隊不斷深入討論日常營運的資訊、策略、產品開發、業務拓展、組織等發展藍圖，用簡潔、有效的形式向董事局匯報，並獲得他們的支持。

一家人

我們的團隊就是「一家人」，包括了董事局、所有員工及其家人，也包括了我們的客戶，以及我們客戶的客戶。在2019年末、2020年初，新冠疫情的爆發讓我們面臨前所未有的挑戰，城市和社區被封閉，令廣州、上海、西安和澳門的業務發展幾乎停滯了三年。疫情期間，我們竭盡所能為同事提供幫助，包括提供抗疫物資，如口罩、快測包、血氧儀等；如果同事的家人有需要，我們也會盡力給予支持。此外，我們還給同事發放抗疫慰問津貼，預早安排同事在家工作，實行彈性上下班制度，提醒同事準備好退燒藥物予自己和家人，並向確診的同事提供西醫和中醫診金、藥費和一次性的金錢補貼等。我們這樣做，沒有甚麼特別的原因，只因為我們是一家人。為了幫助客戶應對疫情，我們儘量配合他們的營運需要，推出抗疫相關的專業服務，與口罩供應商協作，向有需要的團體贈送口罩。同時，我們為小型企業推出減免審核費用的申請，在認可和法例法規要求下，延長證書有效日期。「一家人」的概念，是了解同事的需要，彼此包容，有需要時提出不同應對的解決方案給予同事考慮，在客戶方面，提出不同的解決方案給予客戶。「一家人」的概念，是一起面對問題，一起復原更新，一起解決問題。團隊管理如「一家人」，在等候中必重新得力，在復原後如鷹展翅上騰。

企業文化和價值觀

文化的建立並非一蹴而就，不是通過簡單的三言兩語或是一些活動就能達成。文化深深植根於每一位員工的行為模式中，與企業價值觀密不可分。早在二十年前，當開始構思如何建立企業文化時，團隊明白到對價值觀的認同是建立文化的重要起點，而共同的價值觀，則取決於大家認同的企業文化所帶來的企業行為，在大家所認同企業行為的背後，影響著每個人的行為和價值觀。那麼，怎樣把團隊中每一個人的價值觀，匯聚成為公司的共同價值觀？

還記得當年舉行了一次為期兩天的開放式工作坊，大家在白板上寫滿了各自的價值觀，並詳細分享每個人的看法，拋開個人的己見，尋求一些大家認同的共同觀點。在準備這活動之前，不斷的思索和反思自己心目中的組織企業價值觀，希望能夠在自然的交流和討論中，以合理性和激勵性影響管理團隊的一些看法。感恩的是，管理團隊能夠順利地草擬出大家的共同價值觀「GIFTS」。無論是管理團隊或員工，都非常支持這個價值觀，這是我們的理想，也是我們的堅持。二十年來，在營運目標上，也是建基於此。我們致力於重整組織企業的價值觀，建立承擔社會責任的文化，向著心目中繪畫的理想藍圖，一步一步地邁進。

發展

我們需要發展嗎？這是核心管理團隊需要回應及決定的第一個問題。選擇不發展的後果便是收縮，會帶來各種可能的舉措，包括節省開支，精簡流程和減少人手等。一旦決定發展，這承諾便成為組織企業發展的動力，激勵管理層和員工攜手面對挑戰，開啟新的旅程。

1. 讓團隊看見組織的發展

面對不同的挑戰，團隊會提出不同的建議方案。但最重要的是，我們需要集合發展的力量，把拼圖一塊一塊地拼上去，完成夢想。香港品質保證局早在 2000 年，就於北角自置物業。2007 年，我們獲得當時的董事局主席莫國和工程師及董事局成員的支持，購入廣州寫字樓，作為發展內地業務之用。及後，得到時任董事局主席盧偉國議員博士工程師及董事局成員的支持，在 2014 年購入上海寫字樓，讓香港品質保證局在國內的發展成為區內的典範。2015 年，我們成立了澳門分公司，以配合澳門政府旅遊局「食得安心、玩得安心」的發展政策。至 2018 年，為配合國家一帶一路的發展，我們更購入西安寫字樓。今年我們在深圳成立了子公司，作為發展大灣區業務之用。

我們在不同區域上的發展，都讓每一位員工看見組織的遠景。

購買寫字樓，一方面可以自用，另一方面為員工提供一個可靠和穩定的組織，給予他們歸屬感和承諾，讓團隊更安心地在公司裡發展。

2. 服務開發與社會責任

我們的服務，本身就是社會責任的體現。由有關葡萄酒儲存、安老服務、建築、環境、質量，到綠色和可持續金融的認證計劃等，都與社會發展息息相關。我們致力於協助業界在發展中得到更大的幫助，這是我們業務發展的宗旨，也是我們貢獻社會和肩負起社會責任的核心。社會責任不能夠單靠慈善項目來代替，也需要我們持續履行社會責任和承擔。

3. 建立第二、第三梯隊的管理團隊

要建立第二、第三梯隊的管理團隊，薪火相傳，是管理者的責任和承擔，也是必須優先考慮的課題。傳遞管理的棒子是必然的過程，既要讓年青人有上游的機會，亦要考慮組織在可持續發展上、在人才培訓上、在產品開發和業務發展上變化更新。一方面要計劃好經驗豐富和資深員工的退休安排，有序地填補他們退休後的空缺，同時亦要把他們的知識和經驗在組織裡傳承下去。其中一個重要的安排，是構建一個知識和經驗分享的平台，讓資深同事的知識和經驗，可以留在組織裡。建立第二、第三梯隊，並不是一件容易的事，他們必須對組織有承擔，在困難的日子，仍然謹守崗位。除此之外，誠信是組織的基石，管理團隊必須擁有誠信，不是上班的八小時才需要有誠信，而

是必須具備健全的誠實品格。品格是一把重要的鑰匙，能夠開啟幸福的人生。良好的品格包括和平、喜樂、忍耐、良善、溫柔、節制等。對於管理團隊的個人素質，要有嚴格的要求，他們要成為員工的榜樣。這些素質的原動力，在於管理團隊的自我認識，以及其情商能力、學習能力、自我策動能力、復原能力、人際交往能力和領導力等。

作為管理者，我們應當為下屬鋪墊事業發展，讓下屬看見自己事業發展的願景，從而獲得成就感並肯定自我。同時，我們也應該讓同事制定自己發展的策略，制定年度的營運目標以及提出調配資源、業務拓展和營運發展等建議，讓管理團隊有更多自主性和話語權，這是喜樂團隊的源頭，也是孕育未來領袖的搖籃。上司需要帶領第二、第三梯隊到水深之處，以身教、言教及不同場景的演練，讓他們有機會成長，並從經驗中學習，從演練中作好準備，從創意的策略分析和討論中開拓廣闊的視野。在過去二十多年來，我一直習慣向同事講述激勵的故事，但凡有機會面對同事，例如季度會議、半年一次的公司大會、團隊建立的活動等，我都會和所有的員工分享勵志的真人真事。而且，在不同的場合中，我都不會重複講述相同的故事，這是我對同事的承諾。在我退休前的兩年內，我的工作重點放在培養第二梯隊以及建立知識分享平台上，目的是讓第二梯隊有更大的事業發展空間。

作為第二三梯隊仿效的對象，核心管理團隊和我要以身作則。在作出決定時，要保持果斷，言行一致，說到做到。我始終堅守誠信的原則，以事實為依據進行分析和決策。同時，勇於挑戰不合時宜的舊規則，制定操作性強的守則，例如：不隨意更改開會日期，不做模稜兩可的領袖，不做同事的瓶頸，幫助同事解決問題，以共同價值觀來作決定等等。為了創建信任的組織文化，一方面，我信任同事；另一方面，我做好監控的工作，避免內部的紛爭和對立。每一位員工都是同坐一艘船，是榮辱的共同體。達到目標當然是理想，但不要為了一個解決不了的問題而訓斥同事。讓他們有賦權的感覺，獨立思考，用自己的策略去解決問題。當歪風不正在組織出現時，必須立刻正視這個問題，否則，因循只會放縱而無法改變任何情況。

期望的結果和目標導向

目標導向是營運核心的動力。甚麼是目標？當討論這個問題的時候，往往會提出 SMART 這方法來幫助同事定立目標，能夠明白甚麼是目標，將會事半功倍。「目標」可以被定義為「期望的結果」，也就是事情未發生之先，把期望的結果先說出來，例如，期望今年的營業額是多少多少，那麼這個「多少多少」便是營業額的目標了。第二件要注意的事情，是這個「期望的結果」要透過甚麼的方法和手段才能夠達成。我比較喜歡一本書，書名是 *Hope Is Not A Strategy*，這本書的名字正正說明僅僅只有目標和希望，是不能夠成事的。目標是我們要到達至的終點，要用甚麼方法才能夠達到呢？這正正是制定目標後，必須配合達成目標的策略性方案。商場如戰場，一個戰略方案，不足以讓我們達成目標，我們必須要配合多個策略性方案。孫子有云：「兵者，國之大事，生死之地，存亡之道也。」策略性方案能夠推行成功，需要多方面的配合，包括成本的考量，資源的分配，是否會產生赤字，策略性的部署，情報蒐集和取材，分析、檢討，取捨以及按照這些情報和分析等作出決定。能不戰而勝是上上之策，所以，必須有第二、第三、第四等等的後備方案，才可以萬無一失。年度的目標十分重要，短期的月度和季度目標、以及 18 個月和三年中期目標的估算和掌控，也是必須的。建立一個以目標為本的管理系統，聚焦組織未來的營運狀況，遠比統計過去的營運數據來得重要。

準備

你準備好了嗎？機遇會隨著時間而漸漸靠近你，機遇需要你在抓住它之先作好充分的準備。假若，你未作好準備，機遇會從你的身邊靜悄悄地掠過。這一本書，不能盡錄管理的技巧，也不能把所有關於我的管理知識和經驗展現在你的眼前。這一本書提供給一些對管理有興趣的、或剛剛晉升開始學習管理的人士，它是一個台階，讓你在未成為一位管理人員之前，從一個管理者的角度去看事物，讓你明白管理階層的問題，並幫助他們分擔責任。這一本書，可能讓你看到未來的你。抓緊機遇，幫助你實現夢想，取得事業上的成功，讓你擁有一個不一樣的管理人生。

參考資料

第一章　自我認知和自我意識

1. 力克 · 胡哲著 , 彭蕙仙譯 (2010).《*人生不設限：我那好得不像話的生命體驗*》, 方智出版社。
2. Üstün, F., Ersolak, eyma, & Toker, B. (2020). The Moderating Role of Self-Consciousness in the Effect of Work- Family Conflict on Work Engagement. *Amazonia Investiga, Volume 9,* Issue 31, 71-81.
3. Rick Harrington, Donald Loffredo (2001). The Relationship Between Life Satisfaction, Self-Consciousness, and the Myers-Briggs Type Inventory Dimensions, *The Journal of Psychology, Volume 135,* Issue 4, 439-450.
4. Nezlek, J. B. (2002). Day-to-day relationships between self-awareness, daily events, and anxiety. *Journal of Personality, Volume 70,* Issue 2, 249-275.
5. 《*論語 · 為政*》, https://ctext.org/analects/zh?searchu= 吾十 , accessed on 23 September 2023.
6. 陳淑英主編 (1991).《*孫子兵法企業經營法則*》——謀攻篇 , 將門文物出版社 , 第 49 頁 .
7. *Cambridge Dictionary*, https://dictionary.cambridge.org/zht/ 詞典 / 英語 - 漢語 - 繁體 /self-awareness, accessed on 23 September 2023.
8. *英漢辭典* , https://www.chinesewords.org/en/self-awareness, accessed on 23 September 2023.
9. *Oxford Learner's Dictionaries*, https://www.oxfordlearnersdictionaries.com/definition/american_english/self-awareness, accessed on 23 September 2023.
10. *英漢辭典* , https://www.chinesewords.org/en/self-consciousness, accessed on 23 September 2023.
11. *Cambridge Dictionary*, https://dictionary.cambridge.org/zht/ 詞典 / 英語 - 漢語 - 繁體 /self-consciousness, accessed on 23 September 2023.

12. MBA *智庫百科*, https://wiki.mbalib.com/zh-tw/ 自我意识, accessed on 23 September 2023.

13. 魯肖麟, (2015). 社交網絡自拍中的印象管理與自我認知, *《陝西教育：高教版》*, 第 2 期, 5-7 頁。

14. 劉長華 (2011). 自我認知的難題：魯迅小說與故人相逢敘事, *《魯迅研究月刊》* 2011 年, 第 5 期, 第 51-57 頁。

15. 全球專業中文經管百科, 自我意識 (Self-awareness), https://wiki.mbalib.com/zh-tw/ 自我意识, accessed on 23 September 2023.

16. Eurich, T. (2018). What self-awareness really is (and how to cultivate it). *Harvard Business Review*, 4 January 2018.

17. Michael Lewis (1995). Self-Conscious Emotions, *The Scientific Research Honor Society, Volume 83*, No. 1, 68-78.

18. 百度, https://www.baidu.com/s?ie=utf-8&f=8&rsv_bp=1&rsv_idx=1&tn=baidu&wd=Self%20consciousness&fenlei=256&rsv_pq=0x9a4ecdc00002cc54&rsv_t=19f1PQT%2F2ZSESc5TMYZqAIkiR6RISgwWlIvOlfFwfdzeHUvf0eSg3n9aPv9i&rqlang=en&rsv_dl=tb&rsv_enter=1&rsv_sug3=22&rsv_sug1=18&rsv_sug7=100&rsv_sug2=0&rsv_btype=i&inputT=6768&rsv_sug4=8100, accessed on 23 September 2023.

19. 百度, https://www.baidu.com/s?ie=utf-8&f=8&rsv_bp=1&rsv_idx=1&tn=baidu&wd=Self%20awareness&fenlei=256&oq=Self%2520consciousness&rsv_pq=f25a926e00001627&rsv_t=6137Ux4uDOKYN6qOemjV9rjq2L94JAtv9lV5iSpNzSekb540wNIlcn%2B6Oqc&rqlang=cn&rsv_dl=tb&rsv_enter=1&rsv_btype=t&inputT=6339&rsv_sug3=47&rsv_sug1=39&rsv_sug7=100&rsv_sug2=0&rsv_sug4=6678, accessed on 23 September 2023.

20. 維基百科, https://zh.wikipedia.org/zh-hk/ 自我認知, accessed on 23 September 2023.

21. 維基百科, https://zh.wikipedia.org/zh-cn/ 自我意識, accessed on 23 September 2023.

22. 劉創馥 (2008). 康德超驗哲學的自我認知問題, *《國立臺灣大學哲學論評》*, 第三十五期, 頁 37-82。

23. 陳雅柔 (2020). 歐陽脩文中的自身形象和自我認知, *NTU Theses and Dissertations Repository 文學院中國文學系*, http://tdr.lib.ntu.edu.tw/jspui/handle/123456789/8228. accessed on 23 September 2023.

24. Steven Laureys, Fabien Perrin, Serge Brédart, (2007). Self-consciousness in non-communicative patients, *Consciousness and Cognition Volume 16*, 722-741.

25. 醫院管理局，青山醫院精神健康學院 (2023). https://www3.ha.org.hk/cph/imh/mhi/article_02_02_01_chi.asp?lang=1, accessed on 23 September 2023.

26. Julia Carden, Rebecca J. Jones, and Jonathan Passmore (2022), Defining Self-Awareness in the Context of Adult Development: *A Systematic Literature Review, Journal of Management Education, Volume 46*, Issue 1, 140-177.

27. Vithoulkas G, Muresanu DF. (2014). Conscience and consciousness: a definition. *Journal of Medicine and Life, Volume 15*; Issue 7(1), 104-108.

28. James, W. (1890). *The principles of psychology*. New York: Macmillan Publishing Co Inc.

29. Steven Laureys, Fabien Perrin, Serge Brédart (2007). Self-consciousness in non-communicative patients, *Consciousness and Cognition, Volume 16*, 722-741.

30. Benarroch, Eduardo E., and et al., 'Consciousness System', Chapter 11 of Eduardo E. Benarroch et al. (2017). *Mayo Clinic Medical Neurosciences: Organized by Neurologic System and Level*, Oxford University Press.

31. Vithoulkas G, Muresanu D.F. (2014). Conscience and consciousness: a definition. *Journal of Medicine and Life. Volume 15*, Issue 7(1), 104-108.

32. Suzie C. Tindall., Chapter 57: Level of Consciousness, Editors: H Kenneth Walker, MD, W Dallas Hall, MD, and J Willis Hurst, MD. (1990). *Clinical Methods: The History, Physical, and Laboratory Examinations*, 3rd edition, Butterworth's, Boston. On-line https://www.ncbi.nlm.nih.gov/books/NBK201/, accessed on 26 September 2023.

33. 黃美彰（醫生），認知障礙症，香港青山醫院精神健康學院網站，https://www3.ha.org.hk/cph/imh/mhi/article_02_02_01_chi.asp, accessed on 26 September 2023. (No date of publication).

34. 百度百科網站，https://baike.baidu.com/item/阿尔茨海默病/4865011?bk_share=wechat&bk_sharefr=lemma&fr=wechat, accessed on 26 September 2023.

35. 台灣失智症協會網站，http://www.tada2002.org.tw/About/IsntDementia, accessed on 26 September 2023.

36. Motomi Toichi, Yoko Kamio, Takashi Okada, Morimitsu Sakihama, Eric A. Youngstrom, Robert L. Findling, and Kokichi Yamamoto, (2002). A Lack of Self-Consciousness in Autism, *American Journal of Psychiatry, Volume 159*, Issue 8, 1422-1424。

37. 香港認知障礙症協會中文網頁, https://www.hkada.org.hk/types-of-dementia, accessed on 27 September 2023.

38. Arroyo-Anlly, Eva Ma, Bouston, Adиle Turpin, Fargeau, Marie-Noлlle, Orgaz Baz, Begoca, Gil, Roger, (2017). Self-Consciousness Deficits in Alzheimer's Disease and Frontotemporal Dementia, *Journal of Alzheimer's Disease, Volume 55*, no. 4, 1437-1443.

39. Vithoulkas G, Muresanu Df (2014). Conscience and consciousness: a definition. *Journal of Medicine and Life. Volume 7*, Issue 1, 104-108.

40. *Cambridge Dictionary*, https://dictionary.cambridge.org/dictionary/english/read-the-room, accessed on 28 September 2023.

41. David Kantor, (2012). *Read the Room*, Jose-Bass.

42. Benjamin M.P. Cuff, Sarah J. Brown, Laura Taylor, Douglas J. Howat, (2016). Empathy: A Review of the Concept. *Emotion Review, Volume 8*, Issue 2, 144-153.

43. Duval, S., & Wicklund, R. A. (1972). *A theory of objective self-awareness*. Academic Press.

44. Wicklund, A. Robert (1975). *Objective Self-Awareness, Advance in Experimental Social Psychology, Volume 8*, 233-275.

45. Locke, *The Works of John Locke, Volume 10*, L-N 2.27.15, London: Thomas Tegg, 1823.

46. [L-N] 1689/1694, *An Essay Concerning Human Understanding*, (The Clarendon Edition of the Works of John Locke), Peter H. Nidditch (ed.), Oxford University Press, 1975.

47. Tasha Eurich (2018). What Self-Awareness Really Is (and How to Cultivate It, *Harvard Business Review*. 4 January 2018.

48. Anna Sutton (2016). Measuring the Effects of Self-Awareness: Construction of the Self-Awareness Outcomes Questionnaire, *Europe's Journal of Psychology, Volume 12*, No. 4, 645-658.

49. Duval, S., & Wicklund, R. A. (1972). *A theory of objective self awareness*. Academic Press.

50. Williams E. N. (2008). A psychotherapy researcher's perspective on therapist self-awareness and self-focused attention after a decade of research. *Psychotherapy Research, Volume 18*, No. 2, 139-146.

51. Julia Carden, Rebecca J. Jones, and Jonathan Passmore, (2022), Defining Self-Awareness in the Context of Adult Development: A Systematic Literature Review, *Journal of Management Education, Volume 46*, Issue 1, 140-177.

52. Morin A. (2017). Towards a glossary of self-related terms. *Frontiers in Psychology*, 8, Article 820. Accessed via https://www.frontiersin.org/articles/10.3389/fpsyg.2017.00280/full.

53. Anna Sutton (2016). Measuring the Effects of Self-Awareness: Construction of the Self-Awareness Outcomes Questionnaire, *Europe's Journal of Psychology, Volume 12*, No. 4, 645-658.

54. Julia Carden, Rebecca J. Jones, and Jonathan Passmore (2022), Defining Self-Awareness in the Context of Adult Development: A Systematic Literature Review, *Journal of Management Education, Volume 46*, Issue 1, 140-177.

55. Ettore Bolisani & Constantin Bratianu (2018). The Elusive Definition of Knowledge, Knowledge Management and Organizational Learning, *in: Emergent Knowledge Strategies*, chapter 1, 1-22, Springer.

56. Pajares, M. Frank (1992). Teachers' Beliefs and Educational Research: Cleaning Up a Messy Construct, *Review of Educational Research, Volume 62*, 307-332.

57. Akin, Mehmet Ali (2018). The Pre-Service Teachers' Value Orientations, *Educational Research and Reviews, Volume 13*, Number 6, 173-187.

58. Mark M. Bernard, Gregory R. Maio and James M. Olson (2003), Effects of Introspection About Reasons for Values: Extending Research on Values-as-Truisms, *Social Cognition, Volume 21*, Number 1, 1-25.

59. Julia Carden, Rebecca J. Jones, and Jonathan Passmore (2022), Defining Self-Awareness in the Context of Adult Development: A Systematic Literature Review, *Journal of Management Education, Volume 46*, Issue 1, 140-177.

60. Eckroth-Bucher M. (2010). Self-awareness: A review and analysis of a basic nursing concept. *Advances in Nursing Science, Volume 33*, Issue 4, 297-309.

61. Govern J. M., Marsch L. A. (2001). *Development and validation of the situational self-awareness scale. Consciousness and Cognition, Volume 10,* Issue 3, 366-378.

62. Sandel M. J. (2010). *Justice: What's the Right Thing to Do?*, Farrar, Straus and Giroux, reprint edition.

63. Mill, John Stuart (1998). *Utilitarianism*, Oxford University Press.

64. Pelegrinis (1980). *Kant's Conceptions of the Categorical Imperative and the Will*. 1980, p. 92.

65. John Crawls (1999). *A Theory of Justice*, Revised Edition. Harvest University Press.

66. Britannica, The Editors of Encyclopaedia. "Draconian laws". *Encyclopedia Britannica*, 23 October 2023, https://www.britannica.com/topic/Draconian-laws. Accessed on 8 November 2023.

67. 聖經 (2010). *《新約聖經》*, 香港聖經公會, 和合本修訂版本, 提多書, 第 3 章 1 節 .

68. 李壽初 (2010). 超越「惡法非法」與「惡法亦法」——法律與道德關係的本體分析, *北京師範大學學報, (社會科學版)* (1), 第 114-120 頁 .

69. 聖經 (2010). *《新約聖經》*, 香港聖經公會, 和合本修訂版本, 馬太福音, 第 5 章 27-28 節。

70. Cannon, W. B. (1927). The James-Lange Theory of Emotions: A Critical Examination and an Alternative Theory. *The American Journal of Psychology, Volume 39*, (1/4), 106-124.

71. Söderkvist S, Ohlén K, Dimberg U. (2018). How the Experience of Emotion is Modulated by Facial Feedback. *Journal of Nonverbal Behavior. Volume 42*, Issue 1, 129-151.

72. Darwin, C. R. 1872. *The expression of the emotions in man and animals*. London: John Murray. 1st edition.

73. Bard, P. (1973). The ontogenesis of one physiologist. *Annual Review of Physiology*, Volume 35, 1, 1-16.

74. Taylor, S. E., Klein, L. C., Lewis, B. P., Gruenewald, T. L., Gurung, R. A. R., & Updegraff, J. A. (2000). Biobehavioral responses to stress in females: Tend-and-befriend, not fight-or-flight. *Psychological Review, Volume 107*, Issue 3, 411-429.

75. 青 山 醫 院 精 神 健 康 學 院 , https://www3.ha.org.hk/cph/imh/mhi/article_02_03_06.asp, accessed on 23 September 2023.

76. 丹尼爾高文著 , 張美惠譯 (1996). EQ – *Emotional Intelligence,* China Times Publishing Company, 第 36 頁。

77. Gal Richter-Levin, (2004). The amygdala, the hippocampus, and emotional modulation of memory, *Neuroscientist, Volume 10,* Issue 1, 31-9.

78. Hernandez-Martin E, Arguelles E, Zheng Y, Deshpande R, Sanger T.D. (2021). High-fidelity transmission of high-frequency burst stimuli from peripheral nerve to thalamic nuclei in children with dystonia. Scientific Reports, 11(1):8498.「最早的反應發生在刺激開始後 12-15 毫秒，這表明周圍神經和丘腦核之間存在快速的傳輸。」註：1 毫秒 = 千分之一秒。

79. Daniel Goleman (1995). *Emotional Intelligence,* Bantam Books.

80. Mayer, J.D., Salovey, P., & Caruso, D. (2002). *Mayer-Salovey-Caruso Emotional Intelligence Test (MSCEIT) Users Manual, Toronto, Ontario: Multi-Health Systems.*

81. Mayer, J. D., Salovey, P., Caruso, D. R. & Sitarenios, G. (2003). Measuring emotional intelligence with the MSCEIT V2.0. *Emotion, Volume 3,* 97-105.

82. Mayer, J. D., Salovey, P., & Caruso, D. R. (2004). Emotional intelligence: Theory, findings, and implications. *Psychological Inquiry, Volume 15,* 197-215.

83. Pau, A.K.H. & Furnham, A. (2000). On the dimensional structure of emotional intelligence, *Personality and Individual Differences, Volume 29,* 313-320.

84. Ciarrochi, J. Chan, A.Y.C., & Bajgar, J. (2001). Measuring emotional intelligence in adolescents. *Personality and Individual Difference, Volume 31,* 1105-1119.

85. Schutte, N. S., Malouff, J. M., & Bhullar, N. (2009). The Assessing Emotions Scale. In C. Stough, D. H. Saklofske, & J. D. A. Parker (Eds.), *Assessing emotional intelligence: Theory, research, and applications,* 119-134.

86. Cornelia, Maude Spelman (2000). *"The Way I Feel Books (set of 8 books)",* Titles Include: *When I Feel Angry, When I Feel Sad, When I Miss You,*

When I care About Others, When I Feel Scared, When I Feel Good About Myself, Albert Whitman & Company.

87. Loannidou F., Konstantikaki V. (2017). Empathy and emotional intelligence: What is it really about? *International Journal of Caring Sciences, Volume 1*, Issue 3, 118-123.

88. 張岩 (2003).《孔子形象詳析》, 遼寧大學學報 (哲學社會科學版), 第三十一卷 , 第六期 , 第 34-38 頁 .

89. 聖經 (2010).《新約聖經》, 香港聖經公會 , 和合本修訂版本 , 雅各書 , 第 1 章 19 節 .

90. Paul D. Trapnell, Jennifer D. Campbell (1999). Private self-consciousness and the five-factor model of personality: Distinguishing Rumination from reflection. *Journal of Personality and Social Psychology, Volume 76*, No. 2, 284-304.

91. Showry, M., & Manasa, K. V. L. (2014). Self-Awareness-Key to Effective Leadership. *IUP Journal of Soft Skills, Volume 8*, No. 1, 15-26.

92. Chih Hui Huan, Yu Shia Guo (2003). Action research on relieving elementary school teacher's working stress, *National Taichung University of Education Institutional Repository*, Item 9876564321/ 9502.

93. J. Vander Sloten, P. Verdonck, M. Nyssen, J. Haueisen (2008). Influence of Mental Stress on Heart Rate and Heart Rate Variability, (Eds.): ECIFMBE 2008, *IFMBE Proceedings 22*, 1366-1369.

94. Viktor Puli, Davor Eterovi, Dinko Miri, Lovel Giunio, Ajvor Lukin, Damir Fabijani, (2004). Triggering of Ventricular Tachycardia by Meteorologic and Emotional Stress: Protective Effect of β-Blockers and Anxiolytics in Men and Elderly, *American Journal of Epidemiology, Volume 160*, Issue 11, 1047-1058.

95. Robert Bolton & Dorothy Grover Bolton (2009). *People Styles at Work*, Ridge Associations.

96. T.L. Smith (2021). Using People Styles for Interpersonal Competence: Encouraging Purposeful Reflection on Communication Behaviours, *Journals of University of Toronto Press, Volume 35*, Issue 3, 403-412.

97. Lewin, K. (1951). *Field theory in the social sciences*. New York: Harper Collins.

98. Kolb, D. A. (1984). *Experiential Learning: Experience as the source of learning and development*. New Jersey: Prentice Hall.

99. Kolb, D. A., & Fry, R. E. (1975). Toward an applied theory of experiential learning, In C. Cooper, (Ed), *Theories of group processes*. London: Wiley Press.

100. Saucier, G., & Goldberg, L. R. (1998). What is beyond the Big Five? *Journal of personality, Volume 66*, 495-524.

101. Scott N. Taylor (2010). Redefining leader self-awareness by integrating the second component of self-awareness, *Journal of Leadership Studies, Volume 3,* Issue 4, 57-68.

102. Latham, G. P., & Locke, E. A. (1991). Self-regulation through goal setting, *Organizational Behavior and Human Decision Processes. Volume 50*, 212-247.

103. Stefanie K. Johnson, Lauren L. Garrison, Gina Hernez-Broome, John W. Fleenor and Judith L. Steed (2012). Go For the Goal(s): Relationship Between Goal Setting and Transfer of Training Following Leadership Development, *Academy of Management Learning & Education, Volume 11*, No. 4, 555-569.

104. Paul Stoltz (1999). *Adversity Quotient: Turning Obstacles into Opportunities*, Wiley; 1st edition.

105. Seligman, Martin E.P. et al. (2007). *The Optimistic Child: A proven program to safeguard children against depression and build lifelong resilience*. New York: Houghton Mifflin.

106. McCarthy A. M., Garavan T. N. (1999). Developing self-awareness in the managerial career development process: The value of 360-degree feedback and the MBTI. *Journal of European Industrial Training, Volume 23*, Issue 9, 437-445.

107. Showry S., Manasa K. V. L. (2014). Self-awareness – Key to effective leadership. *IUP Journal of Soft Skills, Volume 8*, Issue 1, 15-26.

108. Monika Ardelt, Sabine Grunwald (2018). The Importance of Self-Reflection and Awareness for Human Development in Hard Times, *Research in Human Development, Volume 15*, (3-4), 1-13.

109. Eckroth-Bucher M. (2010). Self-awareness: A review and analysis of a basic nursing concept. *Advances in Nursing Science, Volume 33*, Issue 4, 297-309.

110a. Harter, S. (1990). Causes, Correlates and the functional role of global self-worth in J. Kolligan & R. Sternberg. *Perceptions of competence and incompetence across the life-span*, 67-98.

110b. Harter, Susan, Leahy, Robert L. (2001). The Construction of the Self: A Developmental Perspective, *Journal of Cognitive Psychotherapy, Volume 15,* Issue 4.

111. Bandura, A. (1994). Self-efficacy. In V. S. Ramachaudran (Ed.), *Encyclopedia of human behavior Volume 4,* (71-81). New York: Academic Press. (Reprinted in H. Friedman [Ed.], *Encyclopedia of mental health*. San Diego: Academic Press, 1998).

112. Bandura, A. (2006). Self-Efficacy Beliefs of Adolescents, *Information Age Publishing*, 307-337.

113. Rotter, Julian B. (1966). Generalised expectancies for internal verse external control of reinforcement. *Psychological Monographs, Volume 80*, 1-28.

114. Nonaka I, Takeuchi H (1995). *The knowledge-creating company: How Japanese companies create the dynamics of innovation*. Oxford University Press, New York.

115. Bolisani, E., and Bratianu, C. (2018). "The elusive definition of knowledge" in Bolisani, E. and Bratianu, C. (2018). *Emergent knowledge strategies: Strategic thinking in knowledge management*, 1-22. Cham: Springer International Publishing. DOI: 10.1007/978-3-319-60656.

116. HKQAA, *Social Responsibility Reports*, from 2013-2022.

117. Edi Karni (1998). Impartiality: Definition and representation, *Econometrica, Volume 66,* No 6, 1405-1415.

118. Compliance and Ethics, University of Florida, "The Front Page Test", https://compliance.ufl.edu/integrity-toolbox/the-front-page-test/, accessed on 25 July, 2023.

119. Burton, Goldsby, (2005). The Golden Rule and Business Ethics: An Examination, *Journal of Business Ethics, Volume 56,* 371-383.

120. 聖經 (2010).*《新約聖經》*，香港聖經公會，和合本修訂版本，路加福音，第 6 章 31 節，89 頁.「你們想要人怎樣待你們，你們也要怎樣待人。」

121. Badaracco (1997). Sleep-test Ethics: How the Ethics of Intuition Can Help – or Hurt Managers Making Tough Decisions, Harvard Business Publishing.

第二章　個人復原力

1. World Health Organisation, Q&A, https://www.who.int/news-room/questions-and-answers/item/stress, 21 February 2023.
2. Frank Landy, James Campbell Quick, and Stanislav Kasl (1994). Work, Stress and Well-being. *International Journal of Stress Management, Volume 1*, No. 1, 33-73.
3. Kelly McGonigal (2016). *The Upside of Stress: Why Stress Is Good for You, and How to Get Good at It*, Avery, Reprint Edition.
4. 凱莉・麥高尼格著 , 薛怡心譯 (2016).《*輕鬆駕馭壓力*》, 先覺出版社 .
5. Robert Waldinger, Marc Schulz (2023). *The Good Life: Lessons from the World's Longest Scientific Study of Happiness*, Simon & Schuster.
6. Kelly McGonigal (2016). *The Upside of Stress: Why Stress Is Good for You, and How to Get Good at It*, Avery; Reprint edition.
7. Gemma Aburn, Merryn Gott, Karen Hoare (2016). What is resilience? *An Integrative Review of the empirical literature, Volume72*, Issue 5, 980-1000.
8. Unni K. Moksnes, Gørill Haugan (2018). Validation of the Resilience Scale for Adolescents in Norwegian adolescents 13-18 years, *Caring Sciences, Volume 32*, Issue 1, 430-440.
9. Julie Ann Pooley, Lynne Cohen (2010). Resilience: A definition in context, *The Australian Community Psychologist, Volume 22*, No 1, 30-37.
10. Pemberton, C. (2015). *Resilience: A practical guide for coaches*. Open University Press.
11. Herrman H, Stewart DE, Diaz-Granados N, Berger EL, Jackson B, Yuen T. (2011). What is resilience? *The Canadian Journal of Psychiatry. Volume 56*, Issue 5, 258-265.
12. Allen RS, Dorman HR, Henkin H, Carden KD, Potts D. (2018). Definition of Resilience In: Resnick B, Gwyther LP, Roberto KA, editors. *Resilience in Aging: Concepts, Research, and Outcomes*. Springer, 2nd edition, 1-15.

13. Kathryn M. Connor, Jonathan R.T. Davidson (2003). Development of a new resilience scale: The Connor-Davidson Resilience Scale (CD-RISC), *Depression and Anxiety, Volume 18*, Issue 2, 76-82.

14. Unni K. Moksnes, Gørill Haugan (2018). Validation of the Resilience Scale for Adolescents in Norwegian adolescents 13-18 years, *Caring Sciences, Volume 32*, Issue 1, 430-440.

15. Michael Neenan (2017). *Developing Resilience: A Cognitive-Behavioural Approach*, Routledge; 2nd edition.

16. Steven M. Southwick, Meena Vythilingam, and Dennis S. Charney (2005). The Psychobiology of Depression and Resilience to Stress: Implications for Prevention and Treatment, *Annual Review of Clinical Psychology, Volume 1*, 255-291.

17. Padgett, Glaser (2003). How stress influences the immune response. *Trends in Immunology. Volume 24*, number 8, 444-448.

18. Karen Reivich, Andrew Shatte (2002). *The Resilience Factor*, Broadway Books.

19. Walker FR, Pfingst K, Carnevali L, Sgoifo A, Nalivaiko E. (2017). In the search for integrative biomarker of resilience to psychological stress. *Neurosci Biobehavioral Review, Volume 74 (Pt B)*, 310-320.

20. Masten, Garmezy et al. (1988). Competence and stress in school children: The moderating effects of individual and family qualities, *Journal of Child Psychology and Psychiatry. Volume 39*, No. 5, 745-764.

21. King, Hegadoren (2002). Stress Hormones: How Do They Measure Up?, *Biological Research for Nursing, Volume 4*, Issue 2, 92-103.

22. Cohen, Ronald, Gordon (1997). *Measuring Stress: A Guide for Health and Social Scientists*, Oxford University Press.

23. Lovallo, W. R., & Buchanan, T. W. (2017). Stress hormones in psychophysiological research: Emotional, behavioral, and cognitive implications. In J. T. Cacioppo, L. G. Tassinary, & G. G. Berntson (Eds.), *Handbook of psychophysiology*, 465-494. Cambridge University Press.

24. Connell, Whitworth et al. (1987). Effects of ACTH and Cortisol Administration on Blood Pressure, Electrolyte Metabolism, Atrial Natriuretic Peptide and Renal Function in Normal Man, *Journal of Hypertension, Volume 5*, Number 4, 425-433.

25. https://zh.wikipedia.org/zh-hk/ 皮質醇 , accessed on 23 September 2023. 皮質醇（cortisol），屬於腎上腺分泌的腎上腺皮質激素之中的糖皮質激素，在應付壓力中扮演重要角色，故又被稱為「壓力荷爾蒙」皮質醇會導致血管內皮細胞層不能正常運作。科學家現在了解到，這是一種引發動脈硬化或動脈堆積膽固醇斑塊的第一步，這些變化會增加心臟病發作或中風的機會。

26. Padgett, Glaser (2003). How stress influences the immune response, *Trends in Immunology, Volume 24*, No. 6, 444-448.

27. Market, Glaser (2008). Stress hormones and immune function, *Cellular Immunology, Volume 252*, Issues 1-2,16-26.

28. Konturek, Brzozowski et al. (2011). Stress and the gut: pathophysiology, clinical consequences, diagnostic approach and treatment options, *Journal of Physical Pharmacol, Volume 62*, No. 6, 591-599.

29. Kahn, R. L., & Byosiere, P. (1992). Stress in organizations. In M. D. Dunnette & L. M. Hough (Eds.), *Handbook of industrial and organizational psychology*, 571-650, Consulting Psychologists Press.

    Lehrer, P.M. (1996). Recent research findings on stress management techniques. In Dupont, R., and McGovern, J. P. (eds.), *The Hatherleigh Guide to Issues in Modern Therapy*, Hatherleigh Press, New York, 1-32.

30. 香港青山醫院 (第四版), 藥物的認識——(2) 抗抑鬱藥 , https://www3.ha.org.hk/cph/imh/doc/information/publications/6_07d.pdf, accessed on 23 September 2023.

31. Lindsay Willmore, Courtney Cameron, John Yang, Ilana B. Witten & Annegret L. Falkner (2022). Behavioural and dopaminergic signatures of resilience. *Nature Volume 611*, 124-132.

32. Steven M. Southwick, Meena Vythilingam, and Dennis S. Charney (2005), The Psychobiology of Depression and Resilience to Stress: Implications for Prevention and Treatment, *Annual Review of Clinical Psychology, Volume 1*, 255-291.

33. Friedman M. (2018). Analysis, Nutrition, and Health Benefits of Tryptophan. *International Journal of Tryptophan Research, Volume 11*, 1-12.

34. Antonella Bertazzo, Stefano Comai, Ilaria Brunato, Mirella Zancato, Carlo V.L. Costa (2011). The content of protein and non-protein (free and protein-bound) tryptophan in Theobroma cacao beans, *Food Chemistry, Volume 124*, Issue 1, 93-96.

35. D. J. SESSA, K. J. ABBEY and J. J. RACKIS, (1971), Tryptophan in Soybean Meal and Soybean Whey Proteins, *American Association of Cereal Chemists, Volume 48*, 321-327.

36. R. Bressani, L.G. Elias, D.A. Navarrete (1961). Nutritive Value of Central American Beans. IV. The Essential Amino Acid Content of Samples of Black Beans, Red Beans, Rice Beans, and Cowpeas of Guatemalaa, *Food Science, Volume 26*, Issue 5, 525-528.

37. Stefano Comai, Antonella Bertazzo, Lucia Bailoni, Mirella Zancato, Carlo V.L. Costa, Graziella Allegri (2007). Protein and non-protein (free and protein-bound) tryptophan in legume seeds, *Analytical Nutritional and Clinical Methods, Volume 103*, Issue 2, 657-661.

38. Bjørn Liaset, Marit Espe (2008). Nutritional composition of soluble and insoluble fractions obtained by enzymatic hydrolysis of fish-raw materials, *Process Biochemistry, Volume 43*, Issue 1, 42-48.

39. Matilda Steiner-Asiedu, Einar Lied, Øyvind Lie, Rune Nilsen, Kåre Julshamn (1993). The nutritive value of sun-dried pelagic fish from the rift valley in Africa, *Journal of Science of Food and Agriculture, Volume 63*, Issue 4, 439-443.

40. Hulsken, S., Märtin, A., Mohajeri, M., & Homberg, J. (2013). Food-derived serotonergic modulators: Effects on mood and cognition. *Nutrition Research Reviews, Volume 26*, Issue 2, 223-234.

41. Martin Reuter, Vera Zamoscik, Thomas Plieger, Rafael Bravo, Lierni Ugartemendia, Ana Beatriz Rodriguez, Peter Kirsch (2021). Tryptophan-rich diet is negatively associated with depression and positively linked to social cognition, *Nutrition Research, Volume 85*, 14-20.

42. Briguglio M, Dell'Osso B, Panzica G, et al. (2018). Dietary neurotransmitters: A narrative review on current knowledge. *Nutrients, Volume 10*, (5):591. doi:10.3390/nu10050591

43. Kühn S, Düzel S, Colzato L, et al. (2019). Food for thought: association between dietary tyrosine and cognitive performance in younger and older adults. *Journal of Psychological Research, Volume 83*, issue 6, 1097-1106.

44. Herbert Y. Meltzer, Tomiki Sumiyoshi (2008). Does stimulation of 5-HT1A receptors improve cognition in schizophrenia? *Behavioural Brain Research, Volume 195*, Issue 1, 98-102.

45. Landmann, Muller et al. (1984). Changes of immunoregulatory cells induced by psychological and physical stress: relationship to plasma catecholamines, *Clinical & Experimental Immunology, Volume 58,* Issue 1, 127-135.

46. Phillips, Carroll, et al. (2006). Stressful life events are associated with low secretion rates of immunoglobulin A in saliva in the middle aged and elderly, *Journal of Brain, Behaviour, and Immunity, Volume 20,* Issue 2, 191-197.

47. Graubaum, Busch et al. (2012). A Double-Blind, Randomized, Placebo-Controlled Nutritional Study Using an Insoluble Yeast Beta-Glucan to Improve the Immune Defense System, *Journal of Food and Nutrition Sciences, Volume 3,* No. 6, 738-746.

48. Auinger, Riede, et al. (2013). Yeast (1,3)-(1,6)-beta-glucan helps to maintain the body's defence against pathogens: a double-blind, randomised, placebo-controlled, multicentric study in healthy subjects. *European Journal of Nutrition, Volume 52,* 1913-1918.

49. Talbott & Talbott, (2012). Baker's Yeast Beta-Blucan Supplement Reduces Upper Respiratory Symptoms and Improves Mood State in Stressed Woman. *Journal of the American College of Nutrition, Volume 31,* Issue 4, 295-300.

50. Vetvicka, Vetvickova (2014). Natural Immunomodulators and their Stimulation of Immune Reaction: True or False?, *Journal of Anticancer Research, Volume 34,* Issue 5, 2275-2282.

51. Feldman S, Schwartz Hi et al. (2009). Randomized Phase II Clinical Trials of Wellmune® for Immune Support During Cold and Flu Season, *Journal of Applied Research, Volume 9,* 30-42.

52. Fuller, Butt, et al. (2012). Influence of yeast-derived 1,3/1,6 glucopolysaccharide on circulating cytokines and chemokines with respect to upper respiratory tract infections, *Nutrition, Volume 28,* 665-669.

53. Ahmad A., Kaleem M. (2018). β-Glucan as a Food Ingredient, in Editors: Alexandru Mihai Grumezescu and Alina Maria, *Biopolymers for Food Design, Handbook of Food Bioengineering,* Elsevier; Amsterdam, The Netherlands, 351-381.

54. Nakashima A., Yamada K., Iwata O., Sugimoto R., Atsuji K., Ogawa T., Ishibashi-Ohgo N., Suzuki K. (2018). β-Glucan in Foods and

Its Physiological Functions. *Journal of Nutritional Science and Vitaminology, Volume 68*, 8-17.

55. Mesaano, Beckmann (2017). Choking under pressure: theoretical models and interventions, *Journal of Current Opinion in Psychology, Volume 16*, 170-175.

56. Meister, Layanchy (2022). The Science of Choking Under Pressure, Behavioural Science, *Harvest Business Review*.

57. Poolton, Maxwell, et al. (2004). Rules for Reinvestment, *Journal of Perceptual and Motor Skills, Volume 99*, Issue 3, 771-774.

58. Masters, Palman et al. (1993). Reinvestment: A dimension of personality implicated in skill breakdown under pressure, *Journal of Personality and individual Differences, Volume 14*, Issue 5, 655-666.

59. Raôul R. D. Oudejans, Wilma Kuijpers, Chris C Kooijman, Frank C. Bakker (2011). Thoughts and attention of athletes under pressure: Skill-focus or performance worries? *Anxiety, Stress, and Coping, Volume 24*, Issue 1, 59-73.

60. Beilock, S. L., & Carr, T. H. (2001). On the fragility of skilled performance: What governs choking under pressure? *Journal of Experimental Psychology: General, Volume 130*, Issue 4, 701-725.

61. Daniel James Brown, (2018). *The Boys in the Boat: Nine Americans and Their Epic Quest for Gold at the 1936 Berlin Olympics*, BER – Penguin Putnam.

62a. Wulf, G. (2013). Attentional focus and motor learning: A review of 15 years. *International Review of sport and Exercise psychology, Volume 6*, No.1, 77-104.

McNevin, N. H., Shea, C. H., & Wulf, G. (2003). Increasing the distance of an external focus of attention enhances learning. *Psychological Research, Volume 67*, No.1, 22-29.

62b. Schücker, L., Hagemann, N., & Strauss, B. (2013). Attentional Processes and Choking under Pressure. *Perceptual and Motor Skills, 116*, Issue 2, 671-689.

63. Thomas Roth (2019). Insomnia: Definition, Prevalence, Etiology, and Consequences, *Journal of Clinical Sleep Medicine, Volume 3*, Issue 5, S7-S10. 註：Insomnia – 失眠的定義是指一個人報告有睡眠的困難。

64. Kim M, Chun C, Han J. (2010). A Study on Bedroom Environment and Sleep Quality in Korea. *Indoor and Built Environment, Volume 9*, Issue 1, 123-128.

65. Gaby Bader (2006). "Impact of sleeping environment on sleep quality", in Editors: S. R. Pandi-Perumal, Damien Leger, *Sleep Disorders: Their Impact on Public Health*, CRC Press, London.

66. Cary L. Cooper (1983). Identifying stressors at work: Recent research developments, *Journal of Psychosomatic Research, Volume 27*, Issue 5, 369-376.

67. Jeremy Stranks (2005). *Stress at work*, Elsevier Butterworth-Heinemann.

68. Hao, Hong et al. (2015). Relationship between resilience, stress and burnout among civil servants in Beijing, China: Mediating and moderating effect analysis, *Personality and Individual Differences, Volume 83*, 65-71.

69. Robert, Boton & Dorothy Grover Bolton (2009). *People Styles at Work, and Beyond*, Amacom.

70. Corne, Petre, et al. (2011). Job satisfaction and short sickness absence due to the common cold, *Work, Volume 39*, No. 3, 305-313.

71. Brunicardi FC, Hobson FL. (1996). Time management: a review for physicians. *Journal of the National Medical Association, Volume 88*, Issue 9, 581-587.

72. Covey, S. (1989). *The Seven Habits of Highly Effective People*, New York, Wiley.

73. Johnson, S (1998). *Who Moved My Cheese*, G. P. Putnam's Sons; Tenth edition.

74. 蔡元雲 (2009).《改變，由我開始》, 突破出版社 .

75. 鄺炳釗 (1999).《從聖經看如何處理憂慮和恐懼》, 天道 , 第三次印刷 .

76. Darling, Walker (2001). Effective conflict management: use of the behavioral style model, *Leadership & Organization Development Journal, Volume 22*, Issue 5/6, 230-242.

77. Bolton and Bolton (1996). *People Styles at Work: Making Bad Relationships Good and Good Relationships Better*, Amacom.

78. Bass, B.M. (1990). *Bass & Stogdill's handbook of leadership – Theory, Research and Managerial Applications*, Third Edition, The Free Press, p652.

79. LaRocco, J.M., & Jones, A.P. (1978). Co-worker and leader support as moderators of stress-strain relationships in work situations. *Journal of Applied Psychology, Volume 63,* Issue 5, 629-634.

80. Bunker, K. A. (1968). Coping with the "mess" of stress: An assessment-based research project. *Journal of Management Development, Volume 4,* 68-82.

第三章　個人思維與解決問題

1. Austin, J.T. & Vancouver, J.B. (1996). Goal constructs in psychology: Structure, process, and content. *Psychological Bulletin, Volume 120,* No. 3, 338-375.

2. Grant, Anthony M. (2012). An integrated model of goal-focused coaching: An evidence-based framework for reaching and practice, *International Coaching Psychology Review, Volume 7,* No. 2, 146-165.

3. Wit B. D., Meyer, R. (1994). Strategy – Process, Content, Context, West Publishing Company. Baknik, K., Breznik, et al. (2014). The mission statement: organisational culture perspective, *Industrial Management and Data Systems, Volume 114,* No. 4, 612-627.

4. Campbell, A. (1989). Does your Organisation Need a Mission? *Leadership & Organisation Development Journal, Volume 10,* No. 3, 3-9.

5. Peter F. Drucker (1974). *Management: Tasks, Responsibilities, Practices,* New York.

6. Salem Khalifa, A. (2012), Mission, purpose, and ambition: redefining the mission statement, *Journal of Strategy and Management, Volume 5,* No. 3, 236-251.

7. Cady, Steven H. Cady, Jane V. Wheeler, Jeff DeWolf, Michelle Brooke (2011). Mission, Vision, and Values: What Do They Say? *Organization Development Journal, Volume 29,* Issue 1, 63-78.

8. Fred R. D. (1995). *Concepts of Strategic Management,* Prentice Hall, Inc.

9. Reyes, J.R. and Kleiner, B.H. (1990). How to Establish an Organisational Purpose, *Management Decision, Volume 28*, No. 7. 51-54.

10. Wit B. D., Meyer, R. (1994). *Strategy – Process, Content, Context*, West Publishing Company.

11. Ayman Amer (2005). *Analytical Thinking, Center for Advancement of Postgraduate Studies and research in Engineering Sciences, Faculty of Engineering* – Cairo University. p.1 "Analytical thinking ... is defined as the ability to scrutinise and break down facts and thoughts into their strengths and weaknesses. It is developing the capacity to think in a thoughtful, discerning way, to solve problems, analyse data, and recall and use information."

12. Maul, G.P., Gillard, J.S. (1996) Teaching Problem Solving Skills, *Computers & Industrial Engineering, Volume 31*, No. 1-2, 17-19.

13. Gay L.R., Diehl, P.L. (1992). *Research Methods for Business Management*, Macmillan Publishing Company.

14. Sekaran U. (2000). *Research Methods For Business: A Skill-building Approach*, John Wiley & Sons.

15. Gagné, R.M. (1980). Learnable aspects of problem solving, *Educational Psychologist, Volume 15*, No. 2, 84-92.

16. Robert H. Schuller (1979). *Move ahead with possibility thinking: A practical and spiritual challenge to change our thinking and your life*. Spire/Revell.

17. Burnard, P.; Craft, A. et al. (2006). Documenting possibility thinking: a journey of collaborative enquiry, *International Journal of Early Years Education, Volume 14*, No. 3, 243-262.

18. Anna Craft, Teresa Cremin, Pamela Burnard, Tatjana Dragovic & Kerry Chappell (2013). Possibility thinking: culminative studies of an evidence-based concept driving creativity?, *International Journal of Primary, Elementary and Early Years Education, Volume 41*, Issue 5, 538-556.

19. Scriven, M. and Paul, R. (1987) Defining Critical Thinking. 8th Annual International Conference on Critical Thinking and Education Reform. http://www.criticalthinking.org/pages/defining-critical-thinking/766, assessed on 23 September 2023.

20. Morris Cullen (2020). *Critical Thinking: A Practical Guide to Solving Problems and Making the Right Decisions at Work and in Everyday Life*, Independently published.
21. Maxwell, J. C. (2023). Change Your Thinking, Change Your Life, https://www.johnmaxwell.com/blog/change-your-thinking-change-your-life1/, accessed date: 31 July 2023.
22. Wit, B.D., Meyer, R. (1994). *Strategy – Process, Content, Context, An International Perspective*, West Publishing Company.
23. Schuller, R.H. (1976). *Move Ahead With Possibility Thinking*, Pillar Books.
24. William E. Souder & Robert W. Ziegler (1977). A Review of Creativity and Problem Solving Techniques, *Research Management, Volume 20*, Issue 4, 34-42.
25. Ben Martz, Jim Hughes & Frank Braun (2017). Creativity and Problem-Solving: Closing The Skills Gap, *Journal of Computer Information Systems, Volume 57*, Issue 1, 39-48.
26. Ingrid Kajzer Mitchell, Jennifer Walinga (2017). The creative imperative: The role of creativity, creative problem solving and insight as key drivers for sustainability, *Journal of Cleaner production, Volume 140*, Part 3, 1872-1884.
27. John Baer (2016). Creativity Doesn't Develop in a Vacuum, *New Directions for Child and Adolescent Development, Volume 2016*, Issue 151, Special Issue: Perspectives on Creativity Development, 9-20.
28. Berys Gaut. (2003). Creativity and imagination, In Gaut, B. and Livingston, P. (eds). *The Creation of Art, chapter 6*, 148-173.
29. Stein M.I., (1953), Creativity and culture, *Journal of Psychology, Volume 36*, 31-322.
30. Runco, M.A., Jaeger, G.J. (2012), The standard definition of creativity, *Creativity Research Journal, Volume 24*, 92-96.
31. Rob Pope (2005). *Creativity: Theory, History, Practice*, 1st Edition, Routledge.
32. Goldstein, S., Princiotta, D., & Naglieri, J. (Eds.). (2015). *Handbook of intelligence: Evolutionary theory, historical perspective, and current concepts*. Springer.

33. Baer, J. (2012). Domain Specificity and the Limits of Creativity Theory, *Journal of Creative Behaviour, Volume 46*, pp16-29.

34. Nicholls, J. G. (1972). Creativity in the person who will never produce anything original and useful: The concept of creativity as a normally distributed trait. *American Psychologist, Volume 27,* Issue 8, 717-727.

35. Alisha Matthewson-Grand (2023). Life Under Lockdown, https://www.cam.ac.uk/alumni/life-in-lockdown, University of Cambridge, accessed on 2nd August 2023.

36. Guerrero, I. (2022). 'When Shakespeare was quarantined because of the plague, he wrote *King Lear*': Theatre and Shakespeare in Spain during the Covid-19 crisis, Cahiers *Élisabéthains: A Journal of English Renaissance Studies, Volume 109,* No. 1, 110-115.

37. Doran, G. (2023). "How Did Shakespeare Write a Play?" Shakespeare Birthday Trust, https://www.shakespeare.org.uk/explore-shakespeare/podcasts/what-was-shakespeare-really/how-did-shakespeare-write-a-play/, accessed on 2nd August 2023.

38. James D. Watson (2001). *The Double Helix – A Personal Account of the Discovery of the Structure of DNA*, First Touchstone, 167-169. Quoted "The instant I saw the picture [An X-ray photograph of DNA in the B form, taken by Rosalind Franklin late in 1952, p168] my mouth fell open and my pulse began to race. The pattern was unbelievably simpler than those obtained previously ('A' form). Moreover, the black cross of reflections which dominated the picture could arise only from a helical structure."

39. Bryan Sykes (2002). *The Seven Daughters of Eve: The Science That Reveals Our Genetic Ancestry*, W. W. Norton & Company.

40. Medeiros, K. E., Partlow, P. J., & Mumford, M. D. (2014). Not too much, not too little: The influence of constraints on creative problem solving. *Psychology of Aesthetics, Creativity, and the Arts, Volume 8*, No. 2, 198-210.

41. Mumford, M.D., Connelly M.S. et al. (1994), Creativity in problem finding and problem solving, *Roeper Review, Volume 16,* Issue 4, 241-246.

42. Wang F., Zheng, H. (2012). A New Theory of Wisdom: Integrating Intelligence and Morality, *Psychology Research, Volume 2,* No. 1, 64-75.

43. Sternberg, R. J. (2000). Intelligence and wisdom. In R. J. Sternberg (Ed.), *Handbook of Intelligence*. Cambridge University Press, 631-649.

44. Nurit, P. Rotem M., (2023). Cognitive abilities and creativity: The role of working memory and visual processing, *Thinking Skills and Creativity, Volume 48*, 1-11.

45. Craig P. McFarland, Mark Primosch, Chelsey M. Maxson & Brandon T. Stewart (2017). Enhancing memory and imagination improves problem solving among individuals with depression. *Memory & Cognition, Volume 45*, 932-939.

46. Sternberg, R.J. (1988). A three-facet model of creativity. In R.J. Sternberg (Ed.), *The nature of creativity*, New York: Cambridge, 125-147.

47. MARK A. RUNCO (1991), The Evaluative, Valuative, and Divergent Thinking of Children, *Journal of Creative Behavior, Volume 25*, Number 4, 311-319.

48. Abbasi K. (2011). A riot of divergent thinking. *Journal of the Royal Society of Medicine, Volume 104*, Issue 10, 391-391.

49. Richard E. Klawiter (1976). The effects of lateral thinking training on rigidity, dogmatism, and problem-solving ability, a dissertation submitted in partial fulfilment of the requirements for the degree of Doctor of Education, The University of South Dakota.

50. Rosenthal, D. A., Morrison, S. M., & Perry, L. (1977). Teaching Creativity: A Comparison of Two Techniques. *Australian Journal of Education, Volume 21*, Issue 3, 226-232.

51. De Bono, Edward (1971). *Lateral thinking for management: a handbook*, McGraw-Hill Book.

52. McCrae, R. R., Arenberg, D., & Costa, P. T. (1987). Declines in divergent thinking with age: Cross-sectional, longitudinal, and cross-sequential analyses. *Psychology and Aging, Volume 2*, Issue 2, 130-137.

53a. Kolodner, J. L., Robert L. Et al., (1985). A process model of case-based reasoning in problem solving, In *Proceedings of the National Conference on Artificial Intelligence*, American Association for Artificial Intelligence, 284-290.

53b. Stanfill C. and Waltz D. (1986). Towards memory-based reasoning, *Communications of the Association of Computing Machinery, Volume 29*, No. 12, 1213-1228.

54. Mayer R. C., Davis J. H. (1999). The effect of the performance appraisal system on trust for management: A field quasi-experiment. *Journal of Applied Psychology*, 84, 123.

McAllister D. J. (1995). Affect- and cognition-based trust as foundations for interpersonal cooperation in organisations. *Academy of Management Journal*, 38, 24-59.

55. Sheppard B. H., Sherman D. A. (1998). The grammars of trust: A model and general implications. *Academy of Management Review, 23*, 422-437.

56. Ojasalo, J. (2001), Managing customer expectations in professional services, *Managing Service Quality: An International Journal, Volume 11*, No. 3, 200-212.

57. Parasuraman A., Zeithaml V. A. and Berry L. L. SERVQUAL: A Multiple-item scale for measuring consumer perceptions of service quality, in book: Edited by Dawson, J., Findlay A. And Sparks L. (2008). *Retailing Reader*, Routledge, 2008, 30-49.

58. Alexander Osterwalder & Yves Pigneur, co-created by an amazing crowd of 470 practitioners from 45 countries, (2010). *Business Model Generation*, Wiley & Sons, Inc.

59. Weller I., Hymer, C.B. et al., (2019). How Matching Creates Value: Cogs and Wheels for Human Capital Resources Research, *Academic of management Annals, Volume 13*, No. 1. 188-219.

60. Afar B., Chema S. et al. (2018). Do nurses display innovative work behavior when their values match with hospitals' values?, *European Journal of Innovation Management, Volume 21*, No. 1, 157-171.

61. Li, M., Sekhar S. et al. (2020). Policy implementation of multi-modal (shared) mobility: review of a supply-demand value proposition canvas, *Transport Reviews, Volume 40*, Issue 3, 1-15.

62. Wirtz, J., Chew P. & Lovelock C. (2012). *Essentials of Services Marketing*, Pearson.

63. Lovelock C., (2001). *Services marketing – People, Technology, Strategy*, Prentice Hall.

64. Fred R. David (1995). *Concepts of Strategic Management*, Prentice Hall, Fifth Edition, 197-198. Quoted "Stage 1 of the formulation framework consists of the EFE Matrix, the IFE Matrix, and the Comprehensive

Profile Matrix ... Stage 2, called the Matching Stage, focuses upon generating feasible alternative strategies by aligning key external and internal factors. ... All nine techniques included in the strategy-formulation framework ...".

65. International Organisation for Standardisation (2015). "ISO 9001:2015, *Quality management systems – Requirements*".

第四章　社交技巧與人際關係

1. Jana, M. Iverson, (2010). Developing language in a developing body: the relationship between motor development and language development. *Journal of Child Language, Volume 37,* Issue 2, 229-261.

2. Magnus, P., Irgens, L. M., Haug, K., Nystad, W., Skjaerven, R., Stoltenberg, C. & MoBa Study Group (2006). Cohort profile: the Norwegian Mother and Child Cohort Study (MoBa). *International Journal of Epidemiology*, 35, 1146-1150.

3. M. V. Wang, R. Lekhal, L. E. Aarø, S. Schjølberg (2010). Co-occurring development of early childhood communication and motor skills: results from a population-based longitudinal study, *Child: Care, Health and Development, Volume 40,* Issue1, 77-84.

4. Lisbeth Valla, Kari Slinning, Runa Kalleson, Tore Wentzel-Larsen, Kirsti Riiser, (2020). Motor skills and later communication development in early childhood: Results from a population-based study, *Child: Care Health and Development, Volume 46,* Issue 2, 407-413.

5. Whiting, H. (1975). *Concepts in skill learning*. London: Lepus Books.

6. Marteniuk, R. (1976). *Information processing in motor skills*. New York: Holt, Rinehart & Winston.

7. Stanley, J., & Krakauer, J. (2013). Motor skill depends on knowledge of facts. *Frontiers in Human Neuroscience, Volume 7,* 503.

8. Edwards, W. (2011). *Motor learning and control: from theory to practice*. Belmont, CA: Wadsworth, Cengage Learning.

9. Diedrichsen, J., & Kornysheva, K. (2015). Motor skill learning between selection and execution. *Trends in Cognitive Sciences*, 19, 4, 227-233.

10. Crossman, E. R. F. W. (1960). *Automation and Skill*, DSIR, Problems of Progress in Industry, No. 9, HMSO, London.

11. Shirley, M.M. (1931). *The first two years: A study of twenty-five babies. Volume 1*. Postural and locomotor development. Minneapolis, MN: University of Minnesota Press.

12. Lievens, F., & Sackett, P. (2012). The validity of interpersonal skills assessment via situational judgment tests for predicting academic success and job performance. *Journal of Applied Psychology, 97*, 460-468.

13. E. Lakin, Phillips, (1978). *The social skills basis of psychopathology*: Alternatives to abnormal psychology and psychiatry (Current issues in behavioral psychology). New York: Grune & Stratton.

14. Robert E. Becker, Richard G. Heimberg, & Alan S. Bellack, (1987). *Social skills training for treatment of depression*. New York: Pergamon Press, First Edition.

15. Kelly, A., Fincham, F., & Beach, S. (2003). Communication skills in couples: a review and discussion of emerging perspectives. In J. Greene & B. Burleson (Eds.), *Handbook of communication and social interaction skills*. Mahwah, NJ: Lawrence Erlbaum.

16. Spence, S. (1980). *Social skills training with children and adolescents*. Windsor, Berks: NFER.

17. Ronald E. Riggio (1986). Assessment of Basic Social Skills, *Journal of Personality and Social Psychology, Volume 51*, No.3, 649-660.

18. Owen Hargie, (2019). *Handbook of Communication Skills*, Fourth edition, Routledge. P15.

19. Freud, S. (1930). *Civilization and its discontents* (J. Riviere, Trans.). Hogarth Press.

20. John Donne, (1623). *Devotions Upon Emergent Occasions*, Kindle Edition, Books on Demand; 1st edition (April 14, 2020). "No man is an island" 翻譯為「沒有人是一座孤島」。

21. A. H. Maslow, (1986). *Toward a Psychology of Being*, Wiley; 3rd edition (1998).

22. Bowlby, J. (1969). *Attachment and loss: Volume 1*. Attachment. Basic Books.

23. Horney, K. (1945). *Our inner conflicts: A constructive theory of neurosis*. New York: Norton.
24. Epstein, S. (1992). The cognitive self, the psychoanalytic self, and the forgotten selves. *Psychological Inquiry, Volume 3,* 34-37.
25. Guisinger, S., & Blatt, S. J. (1994). Individuality and relatedness: Evolution of a fundamental dialectic. *American Psychologist, Volume 49,* 104-111.
26. Festinger, L., Schachter, S., & Back, K. (1950) *Social pressures in informal groups: A study of human factors in housing*. Stanford, CA: Stanford University.
27. Nahemow, L., & Lawton, M. P. (1975). Similarity and propinquity in friendship formation. *Journal of Personality and Social Psychology, Volume 32,* Issue 2, 205-213.
28. Wilder, D. A., & Thompson, J. E. (1980). Intergroup contact with independent manipulations of in-group and out-group interaction. *Journal of Personality and Social Psychology, Volume 38,* 589-603.
29. Chris Segrin, Melissa Taylor, (2007). Positive interpersonal relationships mediate the association between social skills and psychological well-being, *Personality and Individual Differences, Volume 43,* Issue 4, 637-646.
30. Katz, D. (1947). Psychological Barriers to Communication. *The Annals of the American Academy of Political and Social Science, Volume 250,* Issue 1, 17-25.
31. Button, K., Rossera, F. (1990). Barriers to communication. *The Annals of Regional Science, Volume 24,* 337-357.
32. Friston, K. J., Sajid, N., Quiroga-Martinez, D. R., Parr, T., Price, C. J., & Holmes, E. (2021). Active listening. *Hearing Research*, 399, Article 107998. https://doi.org/10.1016/j.heares.2020.107998
33. Lisa A. Melchior, Jonathan M. Cheek, (1990). Shyness and Anxious Self-Preoccupation During a Social Interaction, *Journal of Social Behavior and Personality,* 117-130.
34. Claire Hughes, Judy Dunn, (2010). 'When I say a naughty word'. A longitudinal study of young children's accounts of anger and sadness in themselves and close others, *British Journal of Development Psychology, Volume 20,* issue 4, 515-535.

35. Maarten J.J. Wubben, David De Cremer, Eric van Dijk, (2009). How emotion communication guides reciprocity: Establishing cooperation through disappointment and anger, *Journal of Experimental Social Psychology, Volume 45*, Issue 4, 987-990.

36. Wray, Alison, 'The Role of Memory in Communication', in book: *The Dynamics of Dementia Communication* (New York, 2020; online edn, Oxford Academic, 23 Apr. 2020), https://doi.org/10.1093/oso/9780190917807.003.0003.

37. Matthew McKay, Martha Davis, Patrick Fanning, (2009). *Messages – the communication skills book,* New Harbinger Publications, Inc.

38. Patricia M. Rodriguez Mosquera, Agneta H. Fischer, Antony S. R. Manstead & Ruud Zaalberg, (2008). Attack, disapproval, or withdrawal? The role of honour in anger and shame responses to being insulted, *Cognition and Emotion, Volume 22,* Issue 8, 1471-1498.

39. Shrivastava, Sanjay, (2012). Comprehensive Modelling of Communication Barriers: A Conceptual Framework, *The IUP Journal of Soft Skills, Volume 6,* Issue 3, 7-19.

40. John F. Fanselow, (1988). "Let's See": Contrasting Conversations About Teaching, *TESOL Quarterly, Volume 22,* Issue1, 113-130.

41. W. Barnett Pearce, Stewart M. Sharp, (1973). Self-Disclosing Communication, *Journal of Communication, Volume 23,* Issue 4, 409-425.

42. Lawrence R. Wheeless, Janis Grotz, (1977). The measurement of trust and its relationship to see-disclose, *Human Communication Research, Volume 3,* Issue 3, 250-257.

43. Hatch, M. J. (1987). Physical Barriers, Task Characteristics, and Interaction Activity in Research and Development Firms. *Administrative Science Quarterly, Volume 32,* Issue 3, 387-399.

44. Edited by Pamela Hinds and Sara Kiesler, (2002). Distributed Work, in Chapter 4, Bonnie A. Nardi and Steve Whittaker, *The place of face-to-face communication at distributed work,* MIT Press, Cambridge, London.

45. Adler, N.J. (1991). *International Dimensions of Oganizational Behavior,* 2nd ed., PWS-KENT Publishing Company, Boston, MA.

46. Paul W. Paese, Ann Marie Schreiber & Adam W. Taylor (2003). Caught Telling the Truth: Effects of Honesty and Communication Media in

Distributive Negotiations, *Group Decision and Negotiation, Volume 12*, 537-566.

47. Schachter S., (1959). *The psychology of affiliation*, Stanford: Stanford University Press.
48. Yona Teichman, (1973). Emotional arousal and affiliation, *Journal of Experimental Social Psychology, Volume 9*, Issue 6, 591-605.
49. Williman Schutz, (1966). *The Interpersonal Underworld: FIRO*. Science & Behavior Books, a reprint edition.
50. McClelland, D. C. (1958). Methods of measuring human motivation. In J. W. Atkinson (Ed.), *Motives in fantasy, action, and society*, 7-42.
51. Butterfill, S. (2012). Joint action and development. *The Philosophical Quarterly*, 62, 23-47.
52. Darling, Walker (2001). Effective conflict management: use of the behavioral style model, *Leadership & Organization Development Journal, Volume 25*, Issue 5, 230-242.
53. Bolton and Bolton (1996). *People Styles at Work: Making Bad Relationships Good and Good Relationships Better*, Amacom.
54. Klein, C., DeRouin, R. E., & Salas, E. (2006). Uncovering workplace interpersonal skills: A review, framework, and research agenda. In G. P. Hodgkinson & J. K. Ford (Eds.), *International review of industrial and organizational psychology, Volume 21*, 80-126, New York: Wiley & Sons.
55. Oliver, T., & Lievens, F. (2014). Conceptualizing and assessing interpersonal adaptability: towards a functional framework. In D. Chan (Ed.), *Individual adaptability to changes at work: new directions in research*. New York: Routledge.
56. Oliver, Tom and Lievens, Filip. Conceptualizing and assessing interpersonal adaptability: Towards a functional framework. (2014). *Responding to changes at work: New directions in research on individual adaptability*, 52-72. https://ink.library.smu.edu.sg/lkcsb_research/5809.
57. McRae, Brad, (1998). *Negotiating and influencing skills: The Art of Creating and Claiming Value*. Sage Publications.
58. Frank E. X. Dance, Carl E. Larson (1976). *The Functions of Human Communication: A Theoretical Approach*, Holt Rinehart and Winston.

59. Frank E. X. Dance (2006). The "Concept" of Communication, *Journal of Communication, Volume 20*, Issue 2, 201-210.

60. Howard, C. (2007). Introducing individualization. In *Contested individualization: Debates about contemporary personhood*, 1-23. New York: Palgrave Macmillan US.

61. Nicoleta DABIJA (2014). The role of confession in social communication. A few aspects, *Cultural and linguistic communication, Volume 4*, Issue 1, 40-46.

62. Hans-Georg Gadamer (2013). *Truth and Method (Bloomsbury Revelations) Reprint Edition*, Bloomsbury Academic; Reprint edition.

63. Kyungmin Kim, Jonathan Pogach, (2014). Honesty vs. advocacy, *Journal of Economic Behavior & Organization, Volume 105*, 51-74.

64. Faith Valente, (2016). Empathy and Communication: A Model of Empathy Development, *Journal of New Media and Mass Communication, Conscientia Beam, Volume 3*, Issue 1, 1-24.

65. Clark, H. H., & Brennan, S. E. (1991). Grounding in communication. In L. B. Resnick, J. M. Levine, & S. D. Teasley (Eds.), *Perspectives on socially shared cognition*, American Psychological Association, 127-149.

66. Tsfira Grebelsky-Lichtman, (2014). Children's Verbal and Nonverbal Congruent and Incongruent Communication During Parent – Child Interactions, *Human Communication Research, Volume 40*, Issue 4, 415-441.

67. Matthew McKay, Martha Davis, Patrick Fanning (2009). *Messages – the communication skills book*, New Harbinger Publications, Inc.

68. W. Barnett Pearce, Stewart M. Sharp (1973). Self-Disclosing Communication, *Journal of Communication, Volume 23*, Issue 4, 409-425.

69. Elizabeth Such, Robert Walker (2006). Being responsible and responsible beings: children's understanding of responsibility, *Children and Society, Volume 18*, Issue 3, 231-242.

70. Rachid Zeffane, Syed A Tipu, James C Ryan (2011). Communication, Commitment & Trust: Exploring the Triad, *International Journal of Business and Management Volume 6*, No. 6, 77-87.

71. 聖經 (2010).《新約聖經》，香港聖經公會，和合本修訂版本，路加福音，第 23 章 34 節 .

第五章　激勵他人

1. Schachter, H. L. (1989). Frederick Winslow Taylor and the Idea of Worker Participation: A Brief Against Easy Administrative Dichotomies. *Administration & Society, Volume 21,* Issue 1, 20-30.
2. Taylor, W. Frederick. *The Principles of Scientific Management,* Harper & Brothers Publishers, 1911, p7. Quoted, "In the past the man has been first; in the future the system must be first."
3. Litterer, Joseph A. (1961). Systematic management: The search for order and integration. *Business History Review, Volume 35,* No. 04, 461-476.
4. International Organisation for Standardisation (ISO) (2015). *International Standard: Quality Management Systems – Fundamentals and vocabulary,* ISO copyright office, p17.
5. William J. Latzko, David M. Saunders, W. Edwards Deming, (1995). *Four Days With Dr. Deming: A Strategy for Modern Methods of Management,* Pearson; 1st edition.
6. Maslow, A. H. (1943). A theory of human motivation. *Psychological Review, Volume 50,* Issue 4, 370-396.
7. Douglas T. Hall, Khalil E. Nougaim (1968), An examination of Maslow's need hierarchy in an organizational setting, *Organizational Behavior and Human Performance, Volume 3,* Issue 1, 12-35.
8. Amity Noltemeyer, Kevin Bush, Jon Patton, Doris Bergen, (2012). The relationship among deficiency needs and growth needs: An empirical investigation of Maslow's theory, *Children and Youth Services Review Volume 34,* 1862-1867.
9. Zigler, E., & Finn-Stevenson, M. (2007). From research to policy and practice: The School of the 21st Century. *American Journal of Orthopsychiatry, Volume 77,* Issue 2, 175-181.
10. Maslow, A. H. (1969). The farther reaches of human nature. *Journal of Transpersonal Psychology, Volume 1,* Issue 1, 1-9.

11. Mark E. Koltko-Rivera, (2006). Rediscovering the Later Version of Maslow's Hierarchy of Needs: Self-Transcendence and Opportunities for Theory, Research, and Unification, *Review of General Psychology, Volume 10*, No. 4, 302-317.
12. Steve Jobs Stanford Commencement Speech 2005, https://youtu.be/D1R-jKKp3NA?si=ndswpRZZQxg3QdsF, accessed on 18 September 2023.
13. 聶斯特，陳江梅 (2015). 愛因斯坦與廣義相對論的誕生，*《科學月刊》*，8 月號，https://pansci.asia/archives/87533, accessed on 18 September 2023.
14. 聖經 (2010). *《新約聖經》*，香港聖經公會，和合本修訂版本，約翰福音，第 3 章 16 節 .
15. Marzieh Gordan, (2014). A Review of B. F. Skinner's "Reinforcement Theory of Motivation", *International Journal of Research in Education Methodology, Volume 3*, Issue 5, 680-688.
16. Skinner, B. F. (1981). Selection by consequences. *Science, Volume 213*, 501-504.
17. Richard M. Steers, Richard T. Mowday, Debra L. Shapiro, (2004). Introduction to Special Forum, the Future of Wok Motivation Theory, *Academy of Management Review, Volume 29*, No. 3, 379-387.
18. Herzberg, F. (2003). One more time: How do you motivate employees? *Harvard Business Review* (January 2003), 87-96.
19. Graen, G. B. (1966). Motivator and hygiene dimensions for research and development engineers. *Journal of Applied Psychology, Volume 50*, Issue 6, 563-566.
20. Crompton, J. L. (2003). Adapting Herzberg: A Conceptualization of the Effects of Hygiene and Motivator Attributes on Perceptions of Event Quality. *Journal of Travel Research, Volume 41*, Issue 3, 305-310.
21. McClelland, D. C. (1961). *The achieving society*. New York: The Free Press.
22. Lori L. Moore, Dustin K. Grabsch, Craig Rotter, (2010). Using Achievement Motivation Theory to Explain Student Participation in a Residential Leadership Learning Community, *Journal of Leadership Education Volume 9*, Issue 2, 22-33.
23. McClelland, D. C. (1978). Managing motivation to expand human freedom. *American Psychologist, Volume 33*, Issue 3, 201-210.

24. Andrews Acquah, (2017). Implications of the Achievement Motivation Theory for School Management in Ghana: A Literature Review, *Research on Humanities and Social Sciences, Volume 7*, No.5, 10-15.

25. David C. McClelland and David H. Burnham (1976). Power is the great motivator, *Harvard Business Review*.

26. Cecil A. Anoles, Christo Boshoff, (2002). The Influence of McClelland's Need Satisfaction Theory on Employee Job Performance, *Journal of African Business, Volume 4*, Issue 3, 55-81.

27. Lewin, K. (1936) *Principles of Topological*. McGraw-Hill, New York.

28. Lewin, K. (1938). *The conceptual representation and the measurement of psychological forces*, Duke University Press, Durham.

29. Lewin, K. (1951). *Field Theory in Social Science*. New York: Harper.

30. Włodzisław Duch, (2018). Kurt Kewin, Psychological constructs and sources of brain cognitive activity, *Polskie Forum Psychologiczne, Volume 23*, Issue 1, 7-21. Quoted on p8.

31. Tolman, E. C. 1959. Principle of purposive behavior. In S. Koch (Ed.), *Psychology: A study of science, volume 2*, 239- 261. New York: McGraw-Hill.

32. Vroom, V. H. (1964). *Work and motivation*. New York: Wiley.

33. Porter, L. W., & Lawler, E. E. (1968). *Managerial attitudes and performance*. Homewood, IL: Irwin.

34. Pinder, C.C. (1984) *Work Motivation; Theory, Issues, and Applications*. Foresman and Company, Glenview.

35. Greenberg, J. (1987). A taxonomy of organizational justice theories. *The Academy of Management Review, Volume 12*, Issue 1, 9-22.

36. Colquitt, J. A., Conlon, D. E., Wesson, M. J., Porter, C. O. L. H., & Ng, K. Y. (2001). Justice at the millennium: A meta-analytic review of 25 years of organizational justice research. *Journal of Applied Psychology, Volume 86*, Issue 3, 425-445.

37. Greenberg, J. (1990). Organizational Justice: Yesterday, Today, and Tomorrow. *Journal of Management, Volume 16*, Issue 2, 399-432.

38. Colquitt, J.A., Zapata-Phelan, C.P. and Roberson, Q.M. (2005), "Justice in Teams: A Review of Fairness Effects in Collective Contexts", Martocchio,

J.J. (Ed.) *Research in Personnel and Human Resources Management (Research in Personnel and Human Resources Management, Volume 24)*, Emerald Group Publishing Limited, Bingley, 53-94.

39. Greenberg, J. (2011). Organizational justice: The dynamics of fairness in the workplace. In S. Zedeck (Ed.), *APA handbook of industrial and organizational psychology, Volume 3*. Maintaining, expanding, and contracting the organization, 271-327.
40. Locke, E. A. (1968). Toward a Theory of Task Motivation and Incentives. *Organizational Behavior and Human Performance, Volume 3*, 57-189.
41. Gary P. Latham, Edwin A. Locke, (1991). Self-Regulation through Goal Setting, *Organisational Behaviour and human decision processes, Volume 50*, 212-247.
42. Edwin A. Locke, (1996). Motivation through conscious goal setting, *Applied and Preventive Psychology, Volume 5*, Issue 2, 117-124.
43. Edwin A. Locke, Gary P. Latham, (2002). Building a Practically Useful Theory of Goal Setting and Task Motivation: *A 35-Year Odyssey, American Psychologist, Volume 57*, No. 9, 705-717.
44. Edwin A. Locke, Gary P. Latham, (2002). Building a Practically Useful Theory of Goal Setting and Task Motivation: *A 35-Year Odyssey, American Psychologist, Volume 57*, No. 9, 705-717. (P.714 Figure 4).
45. Namsdai, https://www.nimsdai.com, accessed on 21 September 2023.
46. Weber, K., & Patterson, B. R. (2000). Student interest, empowerment and motivation. *Communication Research Reports, Volume 17*, 22-29.
47. Keith Weber, (2003). The relationship of interest to internal and external motivation, *Communication Research Reports, Volume 20*, Issue 4, 376-383.

第六章　賦權和權力

1. Sarp Öner & Sevi Turan (2010). The construct validity and reliability of the Turkish version of Spreitzer's psychological empowerment scale, *BMC Public Health, Volume 10*, Number 117, http://www.biomedcentral.com/1471-2458/10/117.

2. Spreitzer, G.M. (2008). Taking Stock: A review of more than twenty years of research on empowerment at work. In C. Cooper and J. Barling (Eds.), *Handbook of organizational behavior, 54-73*. Thousand Oaks, CA: Sage.

3. Lawler, E. E., Mohrman, S. A., & Benson, G. (2001). *Organizing for High Performance: Employee Involvement, TQM, Reengineering, and Knowledge Management in the Fortune 1000*. San Francisco, CA: Jossey-Bass.

4. 梁啟超，敬業與樂業，https://www.edb.gov.hk/attachment/tc/curriculum-development/kla/chi-edu/resources/secondary-edu/lang/culture/B021.pdf, accessed date: 19 August 2023.

5. 梁啟超，敬業與樂業：選自*《飲冰室合集》*，中華書局 1936 年版，https://baike.baidu.hk/item/ 敬業與樂業 /7304227. accessed date: 19 August 2023.

6. *《二程・粹言》*卷上：「或问敬子曰：『主一之谓敬。何谓一？』子曰：『无适之谓一。』」*《论语・学而》*「敬事而信」宋・朱熹集注：「敬者主一无适之谓。」

7. Saks and Gruman (2014). A.M. Saks, J.A. Gruman What do we really know about employee engagement? *Human Resource Development Quarterly, Volume 25*, Issue 2, 155-182.

8. Schaufeli and Bakker, 2004 W.B. Schaufeli, A.B. Bakker (2004). Job demands, job resources, and their relationship with burnout and engagement: A multi-sample study, *Journal of Organizational Behavior, Volume 25*, Issue 3, 293-315.

9. W.B. Schaufeli, I.M. Martínez, A.M. Pinto, M. Salanova, A.B. Bakker (2002). Burnout and engagement in university students: *A cross-national study Journal of Cross-Cultural Psychology, Volume 33,* Issue 5, 464-481, (Quoted: p.474).

10. Coleman, H.J. (1996). Why employee empowerment is not just a fad, *Leadership & Organization Development Journal, Volume 17,* No. 4, 29-36.

11. Drucker, P. F. (1988). The coming of the new organization. *Harvard Business Review, Volume 6,* 45-53.

12. 牛　津　字　典，https://www.oxfordlearnersdictionaries.com/definition/american_english/power_1#:~:text=noun-,noun,things%20very%20unpleasant%20for%20us. accessed on 23 September 2023.

13. Spaulding, C. (1995). Motivation or Empowerment: What Is the Difference? *Language Arts, Volume 72,* Issue 7, 489-494.

14. Cambridge Dictionary, https://dictionary.cambridge.org/dictionary/english/empowerment?q=Empowerment, accessed date: 20 August 2023.
15. Mainiero L. A. (1986). Coping with powerlessness: The relationship of gender and job dependency to empowerment-strategy usage. *Administrative Science Quarterly, Volume 31*, 633-653.
16. Bowen, D. & Lawler, E. (1992). The empowerment of service workers: What, why, how, and when? *Sloan Management Review, Volume 33*, 31-39.
17. Glenn Ford D. Valdez, Arcalyd Rose Cayaban, Simy Mathews, Zakiya, Ahmed Doloolat (2019). Workplace Empowerment, Burnout, and Job Satisfaction Among Nursing Faculty Members: Testing Kanter's theory. *Nursing Palliative Care International Journal, Volume 2*, Issue 1, 29-35.
18. Conger, J. A., & Kanungo, R. N. (1988). The empowerment process: Integrating theory and practice. *Academy of Management Review, Volume 13*, Issue 3, 471-482.
19. Conger J. A. & Kanungo R. N. (1988). The empowerment process: Integrating theory and practice. *Academy of Management Review, Volume 13*, 471-482.
20. Thomas, K. W., & Velthouse, B. A. (1990). Cognitive elements of empowerment: An "interpretive" model of intrinsic task motivation. *The Academy of Management Review, Volume 15*, Issue 4, 666-681.
21. Thomas K. W. & Velthouse B. A. (1990). Cognitive elements of empowerment. *Academy of Management Review, Volume 15*, 666-681.
22. Kanter, R. M. (1979). A Good Job is Hard to Find. *Working Papers for a New Society, Volume 7*, 44-50.
23. Walton, R. E. (1975). The diffusion of new work structures: Explaining why success didn't take. *Organizational Dynamics, Volume 3*, Issue 3, 2-22.
24. Heather K. Spence Laschinger (2008). Effect of Empowerment on Professional Practice Environments, Work Satisfaction, and Patient Care Quality: Further Testing the Nursing Worklife Model, *Journal of Nursing Care Quality, Volume 23*, Issue 4, 322-330.
25. Ambad, S. N. A., & Bahron, A. (2012). Psychological empowerment: The influence on organizational commitment among employees in the

construction sector. *Journal of Global Business Management, Volume 8,* No. 2, 73-81.

26. Yaghoobi, N. M., Moloudi, J., & Azadikhah, O. (2011). The relationship between empowerment and human resource productivity in organization. *Journal of Basic and Applied Scientific Research, Volume 1,* Issue 10, 1603-1610.
27. Obeidat, B., El-Rimawi, S., Maqableh, M., & Al-Jarrah, I. (2013). Evaluating the profitability of the Islamic banks in Jordan. *European Journal of Economics, Finance and Administrative Sciences, Volume 56,* 27-36.
28. Guangping Wang and Peggy D. Lee, (2009). Psychological Empowerment and Job Satisfaction: An Analysis of Interactive Effects, *Group & Organization Management, Volume 34,* Issue 3, 271-296.
29. Spreitzer G.M. (1995). Psychological empowerment in the workplace: dimensions, measurement, and validation. *Academy of Management Journal. Volume 38,* Issue 5, 1442-1465.
30. Bandura, A. (1989). Human agency in social cognitive theory. *American Psychologist, Volume 4,* 1175-1184. bridge University Press.
31. Spector, P. E. (1986). Perceived control by employees: A meta-analysis of studies concerning autonomy and participation at work. *Human Relations, Volume 39,* 1005-1016.
32. Bell, N. E., & Staw, B. M. (1989). People as sculptors versus sculpture: The roles of personality and personal control in organizations. In M. B. Arthur, D. T. Hall, & B. S. Lawrence (Eds.), *Handbook of career theory* (232-251). Cambridge University Press.
33. Menon, S. T. (1999). Psychological empowerment: Definition, measurement, and validation. *Canadian Journal of Behavioural Science, Volume 31,* Issue 3, 161-164.
34. Yang, S. and Ok Choi, S. (2009), Employee empowerment and team performance: Autonomy, responsibility, information, and creativity, *Team Performance Management, Volume 15,* No. 5/6, 289-301.
35. X.M. Zhang, Kathryn M. Bartol, (2010). Linking Empowering Leadership and Employee Creativity: The Influence of Psychological Empowerment, Intrinsic Motivation, and Creative Process Engagement, *Academy of Management Journal, Volume 53,* No. 1, 107-128.

36. Sun, L.-Y., Zhang, Z., Qi, J., & Chen, Z. X. (2012). Empowerment and creativity: A cross-level investigation. *The Leadership Quarterly, Volume 23,* issue 1, 55-65.

37. Sangar, R., & Rangnekar, S. (2014). Psychological Empowerment and Role Satisfaction as Determinants of Creativity. *Asia-Pacific Journal of Management Research and Innovation, Volume 10,* Issue 2, 119-127.

38. Peter Bachrach and Morton S. Baratz, Two Faces of Power, *The American Political Science Review, Volume 56,* No. 4 (1962): 947-52.

39. Steven Lukes (2005). *Power: A Radical View,* Palgrave Macmillan, Second edition & Steven Lukes.

40. Parsons, T. (1963). On the Concept of Political Power. *Proceedings of the American Philosophical Society, Volume 107,* 232-262.

41. Haugaard, M. (2016). Two types of freedom and four dimensions of power. *Revue internationale de philosophie, Volume 275,* 37-65.

42. Salancik, G. R., & Pfeffer, J. (1974). The Bases and Use of Power in Organizational Decision Making: The Case of a University. *Administrative Science Quarterly, Volume 19,* Issue 4, 453-473.

43. Gary A. Klein, (1999), *Sources of Power: How People Make Decisions,* Reprint Edition, MIT Press.

44. Anthony T. Cobb, (2017). Informational Influence in the Formal Organization: Perceived sources or Power Among Work Unit Peers, *Academy of Management Journal, Volume 23,* No. 1, 155-161.

45. Pfeffer, J. (1992). Understanding power in organizations, *California Management Review, Volume 35,* 29-50.

46. Blau, J. R. (1979). Expertise and Power in Professional Organizations. *Sociology of Work and Occupations, Volume 6,* Issue 1, 103-123.

47. Thérèse Bouffard (1990). Influence of Self-Efficacy on Performance in a Cognitive Task, *Journal of Social Psychology, Volume 130,* Issue 3, 353-363.

48. Steve Alper, Dean Tjosvold, Kenneth S. Law, (2000). Conflict Management, Efficacy, and Performance in Organizational Teams, *Personnel Psychology, Volume 53,* Issue 3, 625-642.

49. Wanda A. Trahan, Dirk D. Steiner, (1994). Factors affecting supervisors' use of disciplinary actions following poor performance, *Journal of Organizational Behaivor, Volume 15,* Issue2, 129-139.

50. Bernard M. Bass with Ruth Bass (2008). *The Bass Handbook of Leadership: Theory, Research, & Managerial Applications*, fourth edition, Free Press.

51. Graen, G. B., & Uhl-Bien, M. (1995). Relationship-based approach to leadership: Development of leader-member exchange (LMX) theory of leadership over 25 years: Applying a multi-level multi-domain perspective. *The Leadership Quarterly, Volume 6*, Issue 2, 219-247.

52. Bernard M. Bass with Ruth Bass, (1974-2008). *The Bass Handbook of Leadership: Theory, Research, and Managerial Applications*, Fourth Edition. The Free Press.

53. Trevor Romain, https://www.trevorromain.com/trevorromain.html, website information. accessed date: 24 August 2023.

54. 唐代韓愈,《雜說四・馬說》. https://www.rthk.hk/chiculture/chilit/dy04_1401.htm, accessed date: 24 August 2023.

55. Pierre Cossette (2001). A Systematic Method to Articulate Strategic Vision: An Illustration with a Small Business Owner-Manager, *Journal of Enterprising Culture, Volume 9*, 173-199.

56. Bernard M. Bass with Ruth Bass (2008). *The Bass Handbook of Leadership: Theory, Research, and Managerial Applications*, Fourth Edition. The Free Press.

57. Michael Gilliland, Len Tashman, et al. (2015). *Business Forecasting: Practical Problems and Solutions*, Wiley and SAS Business Series.

58. 顧炎武,《與人書》, 收入《顧亭林文集》卷四.

59. Julian Barling and Cary L. Cooper, (2008). *The SAGE Handbook of Organizational Behavior*, SAGE Publications Ltd; 1st edition.

60. Harrison, T., Waite, K. and Hunter, G.L. (2006), The internet, information and empowerment, *European Journal of Marketing, Volume. 40*, No. 9/10, 972-993.

61. Wendy E. Rowe, Nancy F. Jacobs, Heath Grant, (2000). Facilitating Development of Organizational Productive Capacity: A Role for Empowerment Evaluation, *Journals, University of Toronto Press, Volume 14*, Issue 3, Special Issue, 69-92.

62. Niehoff, B. P., Moorman, R. H., Blakely, G., & Fuller, J. (2001). The Influence of Empowerment and Job Enrichment on Employee Loyalty

in a Downsizing Environment. *Group & Organization Management, Volume 26,* Issue 1, 93-113.

第七章　分歧和衝突

1. Fang Jun-xiong (2012). Corporate Investment Decision-making Convergence in China: Herd Behavior or Wave, *Journal of Finance and Economics, Volume 38,* No. 11, 92-102.
2. Ian Walkinshaw (2015). *The International Encyclopedia of Language and Social Interaction,* First Edition, Karen Tracy (General Editor), Cornelia Ilie and Todd Sandel (Associate Editors), John Wiley & Sons, Inc.
3. Powell, G. N., & Greenhaus, J. H. (2006). Managing incidents of work-family conflict: A decision-making perspective. *Human Relations, Volume 59,* Issue 9, 1179-1212.
4. Van Kleef, G. A., & Côté, S. (2007). Expressing anger in conflict: When it helps and when it hurts. *Journal of Applied Psychology, Volume 92,* Issue 6, 1557-1569.
5. 康娜莉雅・絲貝萬 , 南西・寇特著 , 蔡忠琦譯 .《我好生氣》, 大和圖書 , 2005.
6. 《論語・學而》, 孔子的弟子及再傳弟子記錄孔子及其弟子言行而編成的語錄文集 .
7. Cahn, D. D. (1990). Intimates in conflict: A research review. In D. D. Cahn (Ed.), *Intimates in conflict: A communication perspective,* 1-22, Lawrence Erlbaum Associates, Inc.
8. Louis R. Pondy (1967). Organizational conflict: Concepts and models, *Administrative Science Quarterly, Volume 12,* Issue 2, 296-320.
9. Kenneth W. Thomas (1992). Conflict and Conflict Management: Reflections and Update, *Journal of Organiational Behavior, Volume 13,* No. 3, 265-274.
10. Burns, J.M. (1982). *Leadership,* Harper Perennial Modern Classics, 1st edition.
11. Heller, F.A & Wilbert, B. (1981). *Competence and Power in Managerial Decision-Making: A Study of Senior Levels of Organization in Eight Countries,* Horizon Pubs & Distributors.

12. T. O. Jacobs. (1971). *Leadership and Exchange in Formal Organizations*. pp. xiv, 352. Alexandria, Va.: Human Resources Research Organization.
13. Huczynski A.,Buchanan D. (2001). *Organizational Behavior*, Pearson Education Limited, Harlow p. 775.
14. Brett JM, Goldberg SB, Urey WL (1994). *Managing Conflict*, Business Week Executive Briefing Service, UK.
15. Sury Wettläufer, (2000). Common Sense and Conflict, *Harvard Business Review*, January - February 2000, 77-89.
16. Louis R. Pondy (1967). Organizational conflict: Concepts and models, *Administrative Science Quarterly, Volume 12*, Issue 2, 296-320.
17. R. Harrison Wagner (1999). Bargaining and Conflict Resolution, *International Studies Association Annual Convention*, 1-17.
18. John Kennan and Robert Wilson (1993). Bargaining with Private Information, *Journal of Economic Literature, Volume 31*, No. 1 45-104.
19. Sorensen, J. E., & Sorensen, T. L. (1974). The conflict of professionals in bureaucratic organizations. *Administrative Science Quarterly, Volume 19*, Issue 1, 98-106.
20. Jetse Sprey (1969). The Family as a System in Conflict, *Journal of Marriage and Family, Volume 31*, No. 4, 699-706.
21. Justin W. Webb (2021). A system-level view of institutions: Considerations for entrepreneurship and poverty, *Journal of Developmental Entrepreneurship, Volume 26*, No. 2, 1-26.
22. Brown, J. S. (1957). Principles of intrapersonal conflict. *Conflict Resolution, Volume 1*, Issue 2, 135-154.
23. Drory, A., & Ritov, I. (1997). Intrapersonal Conflict and Choice of Strategy in Conflict Management. *Psychological Reports, Volume 81*, Issue 1, 35-46.
24. Barki, H. and Hartwick, J. (2004). Conceptualizing the Construct of Interpersonal Conflict, *International Journal of Conflict Management, Volume 15*, No. 3, 216-244.
25. Peter Felix Kellermann (1996), Interpersonal Conflict Management in Group Psychotherapy: An Integrative Perspective, *Group Analysis, Volume 29*, 257-275.

26. Bornstein, G. (2003). Intergroup Conflict: Individual, Group, and Collective Interests. *Personality and Social Psychology Review, Volume 7,* Issue 2, 129-145.

27. Fisher, B.A., Adams, K.L. (1994). *Interpersonal Communication: Pragmatics of Human Relationships,* McGraw-Hill; 2nd edition.

28. Mary Ann Von Glinow, Debra L. Shapiro and Jeanne M. Brett, (2004). Can we talk, and should we? Managing Emotional Conflict in Multicultural Teams, *Academy of Management Review Volume 29,* No. 4, 578-592

29. Lindner, E. G. (2013). Emotion and conflict: Why it is important to understand how emotions affect conflict and how conflict affects emotions. In M. Deutsch, P. T. Coleman, & E. C. Marcus (Eds.), *The handbook of conflict resolution: Theory and practice,* Third edition, San Francisco, CA: Jossey-Bass, 268-293.

30. Onne Janssen, Evert Van De Vliert, Christian Veenstra, (1999). How task and person conflict shape the role of positive interdependence in management teams, *Journal of Management, Volume 25,* Issue 2, 117-141.

31. Benjamin Schneider (1987). The people make the place, *Personnel Psychology, Volume 30,* Issue 3, 437-453.

32. Marvin Ross Weisbord & Sandra Janoff (2010). *Future Search: An Action Guide to Finding Common Ground in Organizations and Communities,* Berrett-Koehler Publishers.

33. Shelley Coverman (1989). Role Overload, Role Conflict, and Stress: Addressing Consequences of Multiple Role Demands, *Social Forces, Volume 67,* Issue 4, 965-982.

34. Siegall, M. (2000), Putting the stress back into role stress: improving the measurement of role conflict and role ambiguity, *Journal of Managerial Psychology, Volume 15,* No. 5, 427-435.

35. Andrew Baum, Jerome E. Singer, Carlene S. Baum (1981). Stress and the Environment, *Social Issues, Volume 37,* Issue 1, 4-35.

36. Thomas, K. W. (1976). Conflict and conflict management. In M. D. Dunnette (Ed.), *Handbook of industrial and organizational psychology,* Rand McNally, New York, 889-935.

37. Blake, R.R. & Mouton, J.S. (1964). *The managerial grid: key orientations for achieving production through people,* Gulf Publishing Company, Houston.

38. Thomas, K. W. (1976). Conflict and conflict management. In M. D. Dunnette (Ed.), *Handbook of industrial and organizational psychology*, Rand McNally, New York, 889-935.

39. Rim, Y. (1981). Childhood, values and means of influence in marriage. *International Review of Applied Psychology, Volume 30*, 507-520.

40. Kipnis, D., Castell, R.J., Gergen, M., & Mauch, D. (1976). Metamorphic effects of power. *Journal of Applied Psychology, Volume 61*, 127-135.

41. Rim, Y. (1981). Childhood, values and means of influence in marriage. *International Review of Applied Psychology, Volume 30*, 507-520.

42. Jones, R.E., & Melcher, B.H. (1982). Personality and the preference for mode of conflict resolution. *Human Relations, Volume 35*, Issue 8, 649-658.

43. Deutsch, M. (2014). Cooperation, competition, and conflict. In P. T. Coleman, M. Deutsch, & E. C. Marcus (Eds.), *The handbook of conflict resolution: Theory and practice*, 3-28, Jossey-Bass/Wiley.

44. Verderber, R.F., & Verderber, K.S. (1995) *Inter-Act: Using interpersonal communication skills*. Wadsworth Publishing Co.

45. John Powell (1999). *Why Am I Afraid to Tell You Who I Am?* Zondervan.

46. Harrison, F. (1980). A Conceptual Model of Organizational Conflict. *Business & Society, Volume 19*, Issue 2, 30-40.

47. Riggs, C. J. (1983). Dimensions of Organizational Conflict: A Functional Analysis of Communication Tactics, *Annals of the International Communication Association, Volume 7*, 517-531.

48. Jordan, P. J., & Troth, A. C. (2002). Emotional Intelligence and Conflict Resolution: Implications for Human Resource Development. *Advances in Developing Human Resources, Volume 4*, Issue 1, 62-79.

49. Tschannen - Moran, M. (2001), Collaboration and the need fortrust, *Journal of Educational Administration, Volume 39*, No. 4, 308-331.

50. Curt M. Adams, Patrick B. Forsyth, (2007), Promoting a Culture of Parent Collaboration and Trust: An Empirical Study, *Journal of School Public Relations, Volume 28*, No. 1, 32-56.

51. Ansell C., Gash A. (2008). Collaborative governance in theory and practice. *Journal of Public Administration Research and Theory, Volume 18*, 543-571.

52. Bryson J. M., Crosby B. C., Stone M. M. (2006). The design and implementation of cross-sector collaborations: Propositions from the literature. *Public Administration Review, Volume 66*, 44-55.

53. Bryson J. M., Crosby B. C., Stone M. M. (2015). Designing and implementing cross-sector collaborations: Needed and challenging. *Public Administration Review, Volume 75*, 647-663.

54. O'Leary R., Choi Y., Gerard C. (2012). The skill set of the successful collaborator. *Public Administration Review, Volume 72 (Suppl. 1)*, 70-83.

55. Ansell C., Gash A. (2008). Collaborative governance in theory and practice. *Journal of Public Administration Research and Theory, Volume 18*, 543-571.

56. Moore C. W. (2014). *The mediation process: Practical strategies for resolving conflict*. Hoboken, NJ: John Wiley.

57. Fisher R., Ury W. (1978). *International mediation, a working guide: Ideas for the practitioner*. International Peace Academy.

58. Pruitt D. G. (1981). *Negotiation behavior*. New York, NY: Academic Press.

59. Zartman I. W., Berman M. R. (1982). *The practical negotiator*. New Haven, CT: Yale University Press.

60. Getha-Taylor, H., Grayer, M. J., Kempf, R. J., & O'Leary, R. (2019). Collaborating in the Absence of Trust? What Collaborative Governance Theory and Practice Can Learn From the Literatures of Conflict Resolution, Psychology, and Law. *The American Review of Public Administration, Volume 49*, Issue 1, 51-64.

61. Kirk Emerson, Ting Nabatchi, Balogh, (2012). An Integrative Framework for Collaborative Governance, *Journal of Public Administration Research and Theory, Volume 22*, Issue 1, 2012, 1-29

第八章　領導力和團隊

1. Fisher, S.G., Hunter T.A. and W.D., K. (1997), "Team or group? Managers' perceptions of the differences", *Journal of Managerial Psychology, Volume 12*, No. 4, 232-242. Note: Researchers in the studies of leadership, "group" is normally used for studies (Bernard M. Bass, (1981). *Stogdill's Handbook of Leadership: Revised and Expanded Edition*, Free Press.)

2. Thompson, Leigh (2008). *Making the team: a guide for managers* (3rd ed.). Pearson/Prentice Hall.

3. Bernard M. Bass (1981). *Stogdill's Handbook of Leadership: Revised and Expanded Edition*, Free Press, p12.

4. Cowley, W. H. (1928). Three distinctions in the study of leaders. *The Journal of Abnormal and Social Psychology, Volume 23*, Issue 2, 144-157.

5. Davis, R.C. (1942). *The fundamentals of top management*. New York: Harper.

6. Weimerskirch, H, (2001). Energy saving in flight formation, *Nature, Volume 413* (6857), 697-698.

7a. Levi D. & Slim C. (1995). Teamwork in research and development organisations: The characteristics of successful teams, *International Journal of Industrial Ergonomics, Volume 16*, Issue 1, 29-42.

7b. Holland S., Gaston K., Gomes J. (2000). Critical success factors for cross-functional teamwork in new product development, *International Journal of Management Reviews, Volume 2*, Issue 3, 231-259.

7c. Trent, R. J. (1998). Individual and collective team effort: A vital part of sourcing team success, *International Journal of Purchasing and Materials Management, Volume 24*, Issue 4, 45-54.

8a. Paulus O. (2000), Groups, Teams, and Creativity: The Creative Potential of Idea-generating Groups, *Applied Psychology, Volume 49*, Issue 2, 237-262.

8b. Lauren Landry, (2020). Why managers should involve their team in the decision-making process, Harvard Business School online's business insights blog, https://online.hbs.edu/blog/post/team-decision-making, dated 5 March 2020, accessed date: 5 August 2023.

9. Bandow, Diane (2001). Time to create sound teamwork, *Journal for Quality and Participation, Volume 24*, Issue 2, 41-47.

10a. G Gross Lawford (2003). Beyond Success: Achieving synergy in teamwork, *Journal for Quality and Participation, Volume 26*, Issue 3, 23-27.

10b. Carlson B, Graham R, Stinson B, LaRocca J. (2022). Teamwork that affects outcomes: A method to enhance team ownership. *Patient Experience Journal. Volume 9*, Issue 2, 94-98.

11. Ralph Schroder (1957). An Experiment in Student Self-Discipline, *The Bulletin of the National Association of Secondary School Principals, Volume 41,* Issue 232, 72-74.

12. Rentsch, J. R., Heffner, T. S., & Duffy, L. T. (1994). What You Know is What You Get from Experience: Team Experience Related to Teamwork Schemas. *Group & Organization Management, Volume 19,* Issue 4, 450-474.

13. Kaisa Henttonen, Kirsimarja Blomqvist, (2005). Managing distance in a global virtual team: the evolution of trust through technology-mediated relational communication, *Strategic Change, Volume 14,* Issue 2, 107-119.

14. Keith Adanson, Colleen Loomis, (2018). Interprofessional empathy: A four-stage model for a new understanding of teamwork, *Journal of Interprofessional Care, Volume 32,* Issue 6, 752-761.

15. Thomas J. Hiscox, Theo Papakonstantinou, Gerry M. Rayner, (2022). Written Reflection Influences Science Students' Perceptions of Their Own and Their Peers' Teamwork and Related Employability Skills, *International Journal of Innovation in Science and Mathematics Education, Volume 30,* No. 4, 15-28.

16. Hollingshead, A. B. (1998). Group and individual training: The impact of practice on performance. *Small Group Research, Volume 29,* Issue 2, 254-280.

17. Andrea B. Hollingshead, (1998). *Communication, Learning, and Retrieval in Transactive Memory Systems, Journal of Experimental Social Psychology, Volume 34,* Issue 5, 423-442.

18. Wegner, D. M., Erber, R., & Raymond, P. (1991). Transactive memory in close relationships. *Journal of Personality and Social Psychology, Volume 61,* Issue 6, 923-929.

19. Hollingshead, A. B. (1998). Communication, learning, and retrieval in transactive memory systems. *Journal of experimental social psychology, Volume 34,* Issue 5, 423-442.

20. Whetten, D.A., Cameron, K.S. (2007). *Developing Management Skills,* Pearson Education, seventh edition.

21. Barling, J., Weber,T., et al. (1996). Effects of Transformational Leadership Training on Attitudinal and Financial Outcomes. *Journal of Applied Psychology, Volume 81,* Issue 6, 827-832.

22. McClelland, D. C., & Boyatzis, R. E. (1982). Leadership motive pattern and long-term success in management. *Journal of Applied Psychology, Volume 67,* Issue 6, 737-743.

23. Jim Collins (2001). *Good to Great: Why Some Companies Make the Leap and Others Don't,* Harper Business; First Edition.

24. Misumi, J. and M. Peterson (1985). The performance-maintenance (PM) theory of leadership: Review of a Japanese Research program. *Administrative Science Quarterly Volume 30,* 198-223.

25. Hater, J. J. and B. M. Bass (1988). Supervisors' Evaluation s and Subordinates' Perceptions of Transformational and Transactional Leadership. *Journal of Applied Psychology Volume 73,* Issue 4, 695-702.

26. Yukl, G. and D. D. V. Fleet (1992). Theory and research on leadership on organizations. In *Handbook of Industrial & Organizational Psychology. M. D. Dunnette and L. M. Hough. Palo Alto, California,* Consulting Psychologists Press, Inc. 3: 147-197.

27. Howell, J. M. and K. E. Hall-Merenda (1999). The Ties that Bind: The Impact of Leader-Member Exchange, Transformational and Transactional Leadership, and Distance on Predicting Follower Performance. *Journal of Applied Psychology Volume 84,* Issue 5, 680-694.

28. Bass, B. and B. Avolio (2000). *MLQ Multifactor Leadership Questionnaire*. Redwood City, Mind Garden, Inc.

29. Bass, B. M. (1985). *Leadership and performance beyond expectations*. The Free Press.

30. Bass, B. M. (1990). *Bass & Stogdill's Handbooks of Leadership*. New York, The Free Press: A division of Macmillan, Inc.

31. Podsakoff, P. M., S. B. Mackenzie, et al. (1990). Transformational Leader Behaviors and Their Effects on Followers' Trust in Leader, Satisfaction, and Organizational Citizenship Behaviors. *The Leadership Quarterly Volume 1,* Issue 2, 107-142.

32. Howell, J. M. and B. J. Avolio (1993). Tranformational Leadership, Transformational Leadership, Locus of Control, and Support for Innovation: Key Predictors of Consolidated-Business Unit Performance. *Journal of Applied Psychology Volume 78,* Issue 6, 891-902.

33. Podsakoff, P. M., S. B. MacKenzie, et al. (1996). Transformational leader behaviors and substitutes for leadership as determinants of employee satisfaction, commitment, trust and organizational citizenship behaviors. *Journal of Management, Volume 22,* Issue 2, 259-298.

34. Podsakoff, P. M., S. B. Mackenzie, et al. (1990). Transformational Leader Behaviors and Their Effects on Followers' Trust in Leader, Satisfaction, and Organizational Citizenship Behaviors. *The Leadership Quarterly Volume 1,* Issue 2, 107-142.

35. Podsakoff, P. M., S. B. MacKenzie, et al. (1996). Transformational leader behaviors and substitutes for leadership as determinants of employee satisfaction, commitment, trust and organizational citizenship behaviors. *Journal of Management Volume 22,* Issue 2, 259-298.

36. Yukl, G. (2002). *Leadership in organizations.* New Jersey, Prentice-Hall, Inc.

37. Bass, B. M. (1990). *Bass & Stogdill's Handbook of Leadership: Theory, Research, and Managerial Applications.* New York, The Free Press.

38. Burns, J. M. (1978). *Leadership.* New York, Harper & Row.

39. Bass, B. M. (1985). *Leadership and performance beyond expectations.* The Free Press.

40. Schein, E. H. (1985). *Organizational culture and leadership.* San Francisco, Jossey-Bass.

41. Burns, J. M. (1978). *Leadership.* New York, Harper & Row.

42. Bass, B. M. (1985). *Leadership and performance beyond expectations.* The Free Press.

43. Howell, J. M. and B. J. Avolio (1993). Transformational Leadership, Transformational Leadership, Locus of Control, and Support for Innovation: Key Predictors of Consolidated-Business Unit Performance. *Journal of Applied Psychology Volume 78,* Issue 6, 891-902.

44. Yammarino, F. J., W. D. Spangler, et al. (1993). Transformational Leadership and Performance: A longitudinal Investigation. *The Leadership Quarterly Volume 4,* Issue 1, 81-102.

45. Barling, J., T. Weber, et al. (1996). Effects of Transformational Leadership Training on Attitudinal and Financial Outcomes. *Journal of Applied Psychology Volume 81,* Issue 6, 827-832.

46. Yukl, G. (2002). *Leadership in organizations*. New Jersey, Prentice-Hall, Inc.

47. Spector, P. E. (2000). *Industrial & Organizational Psychology – Research and Practice*, John Wiley & Sons, Inc.

48. Hater, J. J. and B. M. Bass (1988). Supervisors' Evaluation s and Subordinates' Perceptions of Transformational and Transactional Leadership. *Journal of Applied Psychology, Volume 73*, Issue 4, 695-702.

49. Yammarino, F. J., W. D. Spangler, et al. (1993). Transformational Leadership and Performance: A longitudinal Investigation. *The Leadership Quarterly Volume 4*, Issue 1, 81-102.

50. Lowe, K. B., K. G. Kroeck, et al. (1996). Effectiveness Correlates of Transformational and Transactional Leadership: A Meta-Analytic Review of the MLQ Literature. *The Leadership Quarterly Volume 7*, Issue 3, 385-425.

51. Yammarino, F. J., W. D. Spangler, et al. (1998). Transformational and contingent reward leadership: Individual, dyad, and group levels of analysis. *Leadership Quarterly Volume 9*, Issue 1, 27-54.

52. Howell, J. M. and K. E. Hall-Merenda (1999). The Ties that Bind: The Impact of Leader-Member Exchange, Transformational and Transactional Leadership, and Distance on Predicting Follower Performance. *Journal of Applied Psychology, Volume 84*, Issue 5, 680-694.

53. Bass, B. M. (1985). *Leadership and performance beyond expectations*. The Free Press.

54. Yukl, G. (2002). *Leadership in organizations*. New Jersey, Prentice-Hall, Inc.

55. Scotter, J. R. V., S. J. Motowidlo, et al. (2000). Effects of Task Performance and Contextual Performance. *Journal of Applied Psychology, Volume 85*, Issue 4, 526-535.

56. Findley, H. M., W. F. Giles, et al. (2000). Performance Appraisal Process and System Facets: Relationships with Contextual Performance. *Journal of Applied Psychology Volume 85*, Issue 4, 634-640.

57. Lam, P.H. Michael (2004). Re-searching for a needle in a haystack: Leadership as a moderator between climates and performance, presented to the Graduate School of Business, The Hong Kong Polytechnic University in Partial Fulfillment of the Requirements for the Degree of Doctoral of Business Administration.

58. Pillai, R., C. A. Schriesheim, et al. (1999). Fairness perceptions and trust as mediators for transformational and transactional leadership: A two-sample study, *Journal of Management Volume 25,* Issue 6, 897-933.

59. Bass, B. and B. Avolio (2000). *MLQ Multifactor Leadership Questionnaire*. Redwood City, Mind Garden, Inc.

60. Greenleaf, R.K. (1977). *Servant Leadership: A Journey into the Nature of Legitimate Power and Greatness*. Paulist Press, New York., p21.

61. Greenleaf, R.K. (1977). *Servant Leadership: A Journey into the Nature of Legitimate Power and Greatness*. Paulist Press, New York.

62. Russell, R.F. (2001). The role of values in servant leadership, *Leadership & Organization Development Journal, Volume 22,* No. 2, 76-84.

63. Russell, R.F. and Gregory Stone, A. (2002), A review of servant leadership attributes: developing a practical model, *Leadership & Organization Development Journal, Volume 23,* No. 3, 145-157.

64. Graham, J. W. (1991). Servant leadership in organizations: Inspirational and moral. *Leadership Quarterly, Volume 2,* 105-119.

65. Robert C. Liden, Sandy J. Wayne, Hao Zhao, David Henderson, (2008). Servant leadership: Development of a multidimensional measure and multi-level assessment, *The Leadership Quarterly, Volume 19,* Issue 2, 161-177. Quoted from p.170: "all seven servant leadership dimensions correlated moderately to strongly with transformational leadership (.43 to .79) and LMX (.48 to .75)"

66. 香港聖經公會 (2020).《*聖經——馬可福音、馬太福音、路加福音、約翰福音*》, 和合本 2010 (和今合本修訂版), 第四版 , 2020.

67. 香港聖經公會 , (2020).《*聖經——約翰福音*》, 和合本 2010 (和今合本修訂版), 第四版 , 2020.

68. Dirk van Dierendonck, D. (2011). Servant Leadership: A Review and Synthesis. *Journal of Management, Volume 37,* Issue 4, 1228-1261.

69. Robert K. Greenleaf (1996). *On Becoming a Servant Leader,* John Wiley & Sons.

70. Storr, L. (2004). Leading with integrity: a qualitative research study, *Journal of Health Organization and Management, Volume 18,* No. 6, 415-434.

71. Houghton, J.D., Neck, C.P. and Manz, C.C. (2003), We think we can, we think we can, we think we can: the impact of thinking patterns and self - efficacy on work team sustainability, *Team Performance Management, Volume 9,* No.1/2, 31-41.

72. Johnston, M. K., Reed, K., & Lawrence, K., Team Listening Environment (TLE) Scale: Development and Validation, *The Journal of Business Communication, (2011)., Volume 48,* No. 1, 3-26.

73. Mesmer-Magnus, J. R., & DeChurch, L. A. (2009). Information sharing and team performance: A meta-analysis. *Journal of Applied Psychology, Volume 94,* Issue 2, 535-546.

74. Hackman, J.R. (2004), Leading teams, *Team Performance Management, Volume 10,* No. 3/4, 84-88.

75. Bruce W Tuckman, (1965). Developmental sequence in small groups, *Psychological Bulletin, Volume 63,* Issue 6, 384-399.

76. Braaten, L. J. (1974-75). Developmental phases of encounter groups and related intensive groups: A critical review of models and a new proposal. *Interpersonal Development, Volume 5,* 112-129.

77. Bruce W Tuckman, Mary Ann C Jensen, (1977). Stages of Small-Group Development Revisited, *Group & Organization Studies Volume 2,* Issue 4, 419-427.

78. Peter F. Drucker, (2006). *The Practice of Management*, Harper Business, Reissue edition.

79. David A. Whetten, Kim S. Cameron, (2007). *Developing Management Skills*. Pearson Prentice Hall.

80. Robert S. Rubin, (2002). Will the Real SMART Goals Please Stand Up?, *Journal of Psychology, Volume 39,* Number 4, 26-27.

81. C. Swann, P. Jackman, et al. (2022). The (over)use of SMART goals for physical activity promotion: A narrative review and critique, *Health Psychology Review, Volume 17,* Issue 8, 1-16.

82. Doran, G. T. (1981). There's a S.M.A.R.T. Way to Write Management's Goals and Objectives. *Management Review, Volume 70,* 35-36, https://community.mis.temple.edu/mis0855002fall2015/files/2015/10/S.M.A.R.T-Way-Management-Review.pdf

83. Robert S. Rubin, (2002). Will the Real SMART Goals Please Stand Up?, *Journal of Psychology, Volume 39*, Number 4, 27.

84. Kim S. Cameron, Jane E. Dutton, and Robert E. Quinn, Editors, (2003). *Positive Organisational Scholarship - Foundations of a New Discipline*. Barrett-Koehler Publishers.

85. Nirmal Purja, https://en.wikipedia.org/wiki/Nirmal_Purja, accessed on 9 August 2023.

86. Nimsdai homepage, https://www.nimsdai.com/14-peaks-film, accessed on 9 August 2023.

87. 石川拓治著 , 王蘊潔譯 (2009).*《這一生，至少當一次傻瓜－木村阿公的奇蹟蘋果，圓神》*, 原著出版於 2008 年 .

88. 亨利 · 福特 , https://zh.wikipedia.org/zh-hk/ 亨利 · 福特 , accessed date: 9 August 2023.

89. 林文子著 , 陳岳夫譯 .*《恕我失禮，這樣做是賣不掉的》*, 方智出版社 , 2007.

90. 井深大 , https://zh.wikipedia.org/zh-hk/ 井深大 , accessed on 9 August 2023.

第九章　迎向未來成功之路

1. Kotter, John. P. (1995). Leading Change: Why Transformation Efforts Fail. Boston, MA: *Harvard Business Review*. March – April 1995.

2. John Maxwell (2009). *How Successful People Think: Change Your Thinking, Change Your Life*, Center Street.

3. Lewin K. (1951). *Field theory in social science*. New York, Harper & Row.

4. National Human Genome Research Institute. The definition of genome? https://www.genome.gov/genetics-glossary/Deoxyribonucleic-Acid, updated: August 9, 2023, accessed on 10 August 2023. Quoted: "Deoxyribonucleic acid (abbreviated DNA) is the molecule that carries genetic information for the development and functioning of an organism." 脫氧核糖核酸（縮寫為 DNA）是攜帶生物體發育和功能遺傳信息的分子。

5. National Human Genome Research Institute. https://www.genome.gov/genetics-glossary/Genome, updated: August 9, 2023. accessed on 10 August 2023. Quoted: "The genome is the entire set of DNA

instructions found in a cell. In humans, the genome consists of 23 pairs of chromosomes located in the cell's nucleus, as well as a small chromosome in the cell's mitochondria. A genome contains all the information needed for an individual to develop and function." 一個生物體的基因組（Genome）是指一套染色體中的完整的 DNA 序列。

6. Hanae Armitage, Fastest DNA sequencing technique helps undiagnosed patients find answers in mere hours, Stanford Medicine News Center, https://med.stanford.edu/news/all-news/2022/01/dna-sequencing-technique.html, Published date: 12 January 2022.
7. Tome Ulri, Broad Institute Blog, Opinionome: Can DNA sequencing get any faster and cheaper? https://www.broadinstitute.org/blog/opinionome-can-dna-sequencing-get-any-faster-and-cheaper, Published date: 13 September 2016, accessed on 10 August 2023.
8. Nurk, S., Koren, S., Rhie, A. & et al. (2022). The complete sequence of a human genome. *Science Volume 376*, Issue 6588, 45-53.
9. Nurk, S., Koren, S., Rhie, A. & et al. (2022). The complete sequence of a human genome. *Science Volume 376*, Issue 6588, p52.
10. United Nations, https://www.nature.com/articles/nature.2014.14530, accessed on 10 August 2023.
11. Intergovernmental Panel on Climate Change (IPCC), Climate change widespread, rapid, and intensifying, Newsroom, 9 August 2021. https://www.ipcc.ch/2021/08/09/ar6-wg1-20210809-pr/, accessed on 10 August 2023.
12. Gerber, P.J., Steinfeld, H., Henderson, B., Mottet, A., Opio, C., Dijkman, J., Falcucci, A. & Tempio, G. (2013). Tackling climate change through livestock – A global assessment of emissions and mitigation opportunities. Food and Agriculture Organization of the United Nations (FAO), Rome. https://www.fao.org/3/i3437e/i3437e.pdf, accessed on 10 August 2023.
13. Global Livestock Environmental Assessment Model (GLEAM), https://www.fao.org/gleam/resources/en/, Food and Agriculture Organization of United Nations, accessed on 10 August 2023.
14. Intergovernmental Panel on Climate Change (IPCC), Climate change widespread, rapid, and intensifying, https://www.ipcc.ch/2021/08/09/ar6-wg1-20210809-pr/, Newsroom, 9 August 2021.

15. World Meteorological Organisation, 2020 was one of three warmest years on record, Press Release Number: 14012021, https://public.wmo.int/en/media/press-release/2020-was-one-of-three-warmest-years-record, Published 15 January 2021. accessed on 10 August 2023.

16. World Meteorological Organisation, 2020 was one of three warmest years on record, Press Release Number: 14012021, https://public.wmo.int/en/media/press-release/2020-was-one-of-three-warmest-years-record, Published 15 January 2021. accessed on 10 August 2023.

17. IPCC Sixth Assessment Report, (2022). Climate change: a threat to human wellbeing and health of the planet, https://www.ipcc.ch/report/ar6/wg2/resources/press/press-release/, 2022/08/PR, Published date: 28 February 2022. accessed on 10 August 2023.

18. Rebecca Lindsey & Luann Dahlman, https://www.climate.gov/news-features/understanding-climate/climate-change-global-temperature, 18 January 2023, Access date: 10 August 2023.

19. 香港天文台 , https://www.hko.gov.hk/en/climate_change/obs_hk_temp.htm, 香港天文台網址 , accessed date: 10 August 2023.

20. 岑富祥 , (2015). 香港夏季氣溫屢創新高 , https://www.hko.gov.hk/tc/education/climate/climatological-information-of-hong-kong/00471-recordbreaking-summer-temperatures-in-hong-kong.html, 香港天文台網址 , accessed on 10 August 2023.

21. WTO and UNCTAD for historical data, WTO Secretariat estimates for forecasts, https://www.wto.org/english/res_e/booksp_e/gtos_updt_oct23_e.pdf, October 2023, accessed on 10 August 2023.

22. World Health Organization, WHO Coronavirus (COVID-19) Dashboard, https://covid19.who.int, Published date: 9 August 2023, accessed on 11 August 2023.

23. "COVID-19 Dashboard by the Center for Systems Science and Engineering (CSSE) at Johns Hopkins University (JHU)". ArcGIS. Johns Hopkins University. Retrieved on 10 March 2023.

24. 世貿組織貿易預測 , https://www.wto.org/english/news_e/news23_e/tfore_05apr23_e.htm, Published date: 5 April 2023, accessed on 10 August 2023.

25. WTO 國際貿易統計, https://www.wto.org/english/news_e/pres22_e/pr909_e.htm, Press/909, 世貿組織貿易新聞稿, Released date: 5 October 2022, accessed on 10 August 2023.

26. Robert H. Schuller (2004). *Move ahead with possibility thinking*, first edition, 1977, twentieth Edition, 2004.

27. William E. Souder & Robert W. Ziegler (1977). A Review of Creativity and Problem Solving Techniques, *Research Management, Volume 20*, Issue 4, 34-42.

28. Gary P. Latham, Edwin A. Lock, (1991). Self-Regulation through Goal Setting, *Organisational Behavior and Human Decision Processes, Volume 50*, 212-247.

29. Frayne, C. A., & Geringer, J. M. (2000). Self-management training for improving job performance: A field experiment involving salespeople. *Journal of Applied Psychology, Volume 85*, Issue 3, 361-372.

30. Stock, J., & Cervone, D. (1990). Proximal goal setting and self-regulatory processes. *Cognitive Therapy and Research, Volume 14*, No. 5, 483-498.

31. Wood R, Bandura A. (1989). Impact of conceptions of ability on self-regulatory mechanisms and complex decision making. *Journal of Personality and Social Psychology, Volume 56*, Issue 3, 407-415.

32. Trish Reay, Karen Golden-Biddle and Kathy Germann, Legitimizing a New Role: Small Wins and Microprocesses of Change, *Academy of Management Journal, Volume 49*, No. 5, 977-998.

33. Spencer Johnson (1999). *Who moved my cheese*, Vermilion.

34. Daryl R. Conner (1993). *Managing at the speed of change: How Resilient Managers Succeed and Prosper Where Others Fail*, Random House.

35. Gary Yukl (2002). *Leadership in Organizations*, Prentice-Hall, 2002.

36. (諺語) 比喻各人管好自己的事，不要管別人閒事。*《警世通言・卷二四・玉堂春落難逢夫》*：「玉姐也送五兩，鴇子也送五兩。王定拜別三官而去。正是：『各人自掃門前雪，莫管他家瓦上霜。』」

37. 林文子著, 陳岳夫譯 (2007). *《恕我失禮，這樣做是賣不掉的》*, 方智 .

38. John Maxwell (2009). *How Successful People Think: Change Your Thinking, Change Your Life*, Center Street.

39. Schuller, R.H. (1976). *Move Ahead With Possibility Thinking,* Pillar Books.

40. Meyer, J.P., & Allen, N. J. (1997). *Commitment in the workplace: Theory, research, and application,* Thousand Oakes, Sage.

41. Soros, S. J., Jerkier, J.M., Koehler, J.W., & Sincich, T. (1993). Effects of continuance, affective, and moral commitment on the withdrawal process: An evaluation of eight structural equation models. *Academy of Management Journal, Volume 36,* 951-995.

42. Edited by Neal M. Ashkanasy, Celeste P.M. Wilderom, Mark F. Peterson, *Handbook of Organizational Culture and Climate,* Sage Publication, 2000: Turi Virtanen, in the chapter 21, quoted (p339) "commitment is normally understood as different ways to commit oneself to an organization of which one is a member."

43. Shum, P., Bove, L. and Auh, S. (2008), Employees' affective commitment to change: The key to successful CRM implementation, *European Journal of Marketing, Volume 42,* No. 11/12, 1346-1371.

44. Lewin K. (1951). *Field theory in social science.* New York, Harper & Row.

45. Todd Jick, Maury Peiperl (2010). *Managing Change: Cases and Concepts,* McGraw Hill; 3rd edition.

46. Gail Sheehy (2010). *Passages in Caregiving: Turning Chaos into Confidence*, William Morrow, P25.

管理

從個人到團隊——知識與實務分享

林寶興博士　著

作者	林寶興博士
編輯	藍天圖書編輯組、HKQAA 工作小組 麥家彥、歐美蓮
設計	藍天圖書設計組、HKQAA 工作小組
出版	**紅出版（藍天圖書）**
地址	香港灣仔道 133 號卓凌中心 11 樓
出版計劃查詢電話	(852) 2540 7517
電郵	editor@red-publish.com
網址	www.red-publish.com
香港總經銷	**香港聯合書刊物流有限公司**
出版日期	2024 年 3 月
圖書分類	企業管理 / 個人成長
ISBN	978-988-8868-32-2
定價	港幣 138 元正